**構築夢想家的第一步，**
**從翻開此頁開始。**

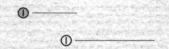

# 你還在花大錢做用不到的裝潢嗎？

點破裝修盲點，拒絕因小失大
過來人用實戰經驗，教你小錢打造風格夢想家

邱柏洲、李曜輝、劉真妤 著

SWAY 房市觀測站版主 -SWAY

# 你有沒有料，看裝潢就知道。

裝潢等於一個人的成家智慧，更代表這個人是不是真的愛這個家。

我常看到一些投資客花小錢卻騙說砸鉅資，細看發現，料差也就算了，工也粗糙，明白地讓買家被標上「我是冤大頭」、「住了一定不幸福」，當然在這個大家都願意自己學裝潢的年代，這種裝修房只能騙騙外行。這些人不乏藝人或知名部落客、youtuber，他們並不是功課做的夠足、找錯室內設計師，他們犯的錯多半是不知道自己要什麼，無法清楚的告訴別人，關於成家的模樣。

華麗不代表實用，就拿鏡子來說，不少設計師拿來當作放大空間的招數，也有奢華的小技巧可以平價變出貴氣，可是用多了就會發現，回頭一看常常見到自己的影子，影子後還可能再出現反射的倒影，鏡中有鏡的結果，就是住到後來精神耗弱，可是外人一看這種裝潢，都會覺得你家怎麼那麼亮麗華美，別人的夢寐以求，對你來說竟是惡夢一場。

很多的收納櫃不代表方便，家中到處都是格子的結果，走到哪灰塵就堆到哪，你認為珍寶堆出來展示，可能地震一搖，那些珍寶竟成為絕命終結站的武器。而到處都是格子櫃子，家無一哩平牆，再大坪數的房子都會覺得又小又亂。

回到裝潢的初衷，是邱柏洲想告訴你的，關於室內設計這件事。善用裝潢的基本概念，是邱柏洲想要教你的課程。最後才是你能夠展現生活的品味，以及你對於家的需求，邱柏洲幫助你自己釐清。

咦，他在幫你做心理諮詢嗎？是的，你家的室內設計，不只是需要一個室內設計師，而是需要有人幫你看到內心深處，你是一個怎樣的人、你想讓你的家變成怎樣的模樣。

然後，其實你是很有料的。

Sway

鴉埠咖啡店長— TINA

# 「家」的定義

Tina

認識邱柏洲至少10年了，當時的我還是報社的家居版記者。說起來也是很有緣份，當大家都在追求空間設計手法技巧時，其實我一直認為所謂的「家」，不在於花了多少錢裝潢，而是花了多少時間打理佈置。尤其對薪資普通的小家庭來說，實在沒有能力去負擔動輒上百萬的裝修費用，就必須裝修的巧而且擅用佈置手法。而邱柏洲在10多年前就已經在努力提倡這個想法，當時我很喜歡這個理念，也喜歡他妥善運用壁面配色來增添空間風采的做法，因此採訪過許多他經手的個案。

在認識邱柏洲之前，我曾經二度採訪過一個屋主。第一次採訪時，她很滿意剛裝修完的家，但隔個三四年再去時，她卻說：「其實我已經不喜歡這個風格了，但屋子已經被裝修得很滿，根本無法再變化。」屋主的表情很無奈，這句話也因此烙印在腦海中，從那時候起我就深信裝修時最好只做不得不的工程，其餘就利用佈置、色彩做調配。當空間預留愈多改變空間，就能依據屋主心情喜好而變更。在邱柏洲的案子裡頭，大多是這樣的案例，而且他會希望屋主對自己未來的家有完整想法，因此會鼓勵先做功課，想清楚自己要什麼之後，再來決定裝修細節。他從很多年前就舉辦免費講座，提倡裝修自己來的理念。也不吝嗇的分享一系列文章，鼓勵每一位屋主自己做素人設計師。其實我也是在他的鼓勵之下，裝修了位在永康街的咖啡館和汐止的居家，雖然空間內都只做基礎裝修，但從壁面配色，傢具選擇，每一個角落的佈置裝飾，都是親力親為時，雖然耗費心力，但當空間的模樣逐漸完整，心裡頭有著莫大滿足感。尤其是搬到新家快七年，依然很享受偶欣賞一手佈置出來的空間。

因此我也期待邱柏洲的這本新書，能帶動更多人化身為素人設計師，打造屬於自己的家。

●恭喜我的好朋友「大可愛」－邱柏洲設計師新書出版！想到當年，還不認識大可愛，我在家裝潢時，因為我是個完全的外行人，什麼也不懂，真是沒少花冤枉時間和冤枉錢，【你還在花大錢做用不到的裝潢嗎？】真心推薦！——**藝人 楊羽霓**

●這是一個如大地般蘊含無限可能的一個設計團隊，邱柏洲設計師對於「室內設計」大小事，常常如俠士般行俠仗義、建議直言的鮮明風格，讓我們印象深刻且獲益無限。——**湯先生／湯太太**

●怎麼生活，就該怎麼設計！

也許你正煩惱，想來個輕裝潢卻不知如何著手；也許你正構思，想換個新風格卻不知怎麼實行，試試邱老師的設計邏輯，相信你會知道該怎麼踏出去。——**苗栗竹南 翁先生、翁太太（節錄）**

●10年前的首購屋就是請邱設計師到府進行諮詢服務，因設計師以人為本裝修房子的理念，讓我能以最小的預算找自己工班完成自己夢想之家。4年前因家中新成員（雙胞胎）的加入換屋後的裝修諮詢仍找邱設計師，想要自己設計房子的人一定要來參考設計師團隊的出的新書喔！對你在構想心中的家及跟工班溝通過問題的解決有很大的幫助！——**柯淑華（節錄）**

●家不是豪華生硬的樣品屋，而是家人或朋友相聚時充滿笑聲與感情的地方，邱Sir跟其他設計師真的很不同，他覺得居住者是在打造夢想屋的過程中最重要的角色，雖然過程中必須做很多功課，也可能會遇到很多問題，但是住進來之後會發現這個用心打造的空間是充滿故事且有溫度的，而我們的輕裝修設計在當時也很幸運的透過漂亮家居採訪成為當期的封面報導。最後希望本次邱Sir的著作可以讓各位讀者都可以透過本書能達到最少的預算達成最大的裝修效果喔，也一起完成自己的夢想屋！——**網路創業家 俊銘&依筠（節錄）**

●房屋裝潢翻修是一條充滿險境的道路，雖然目標充滿的是美好和夢想，然而過程卻驚險及未知！

邱sir的意見就是我們最好的參考，花小錢絕對可以有最棒的生活品質！我們已經親身體驗做自己家裡的設計師，如果你也想擁有自己的風格，那你一定也得來試一試！——**內湖林先生林太太（節錄）**

●認識十五年的時間，常看到柏洲的居家設計作品出現，心裡總是很高興，因為設計出來的空間不是冷冰冰的豪貴，而是有屬於人的溫度，很貼近這塊土地的人對家的嚮往和期望。

新書裡有很多大大小小的靈光創意，都可以讓人從中拾掇符合自己想像的設計實務，我也期待能將他對居家空間設計的想法進一步運用到更多居家以外的空間，例如教室、學校，我想那會是另一場想像力飛馳的教育翻轉。——**台北沈承逸（節錄）**

●柏洲的裝修不是讓人驚艷的琳瑯滿目、也不是沈穩內斂仿禪意道學。他瞭解小康家庭的生活樂趣，也有敏銳識人與直言溝通的本領，破除業主裝潢的迷思（費時費錢在無法增添便利與生活樂趣的裝修）。團隊除提供工程務實建議，決不浪費業主不必要支出外，最驚艷的是他用燈光、色彩少許的費用就營造出溫馨的居家生活；還有幫您挖掘早已遺忘的傢飾，新舊整合，耳目一心。裝修卻不失去各家庭成員已有的樂趣。少見如此以客戶本體需求為主，而不是以營利為主的業者。——**Jennifer Chen**

●第一次裝潢新家，看了無數的照片，心中也有無限的「想要」，但邱設計師『首要決定動線』、『用功能決定風格』、『用燈光、顏色、家飾品、傢具來裝飾家，減少不必要的木作與裝潢』等中肯的建議，我們省了木作的錢，用現成傢具替代，還可以隨著家庭成員改變做不同的空間配置與氛圍的改變。邱設計師跳脫傳統裝潢的思維，幫我們省了荷包，也讓家更舒服與自在。——**Amber舒活瑜珈**

以上推薦序以名字筆劃由大至小排列。

詳細推薦內容請參閱「小錢打造風格夢想家部落格」。

# 別踏入低效裝潢的陷阱

作者—邱柏洲

在為客戶服務規劃空間時，經常有屋主說家裡人多東西多，希望可以多做些櫃子，才能放得下已有的、未來增加的物品，卻沒想到櫃子做得太多，櫃門因太過密集常互相撞到；要出門了鑰匙明明就在附近，卻在諸多櫃子中遍尋不著；原本應該清爽的空間更因為大面積的櫃體變得狹小凌亂……明明多花了預算想要提升家裡收納的機能，卻反倒形成家裡不順手、不方便甚至困擾百出的設計，這是低效裝潢！

我們也常遇到不少愛看書的文青客人，家裡多的是各種書櫃，然而，書明明20公分深，卻收在40公分的櫃子裡，占用了一倍的面積不說，還不容易找尋，當初裝潢更花了不少材料錢，當初為什麼不做26公分深就好了?!**這樣賠了夫人又折兵的後悔設計，就是低效裝潢！**

邱柏洲
李曜輝

有些屋主大手筆在家裝設超音波按摩浴缸，想打造像廣告中女主角安靜舒適沐浴的療癒空間，誰知道低品質的馬達超吵又容易故障，噴頭清潔又極費工夫，**沒有抒壓反而創造了壓力，這就是低效裝潢！**

買了現成衣櫃，但是在時間累積下，只進不出的衣服終於爆出來了！自然會想：衣櫃四週自牆邊、櫃頂到天花板的畸零空間，當初如果精準量好尺寸、充分利用的話，就可以充分收納更多衣服，也不會造成這些空間的浪費了，**沒有好好利用空間，就是低效裝潢！**

家裡裝了窗廉，但從來沒有用過，原來那扇窗，沒有陽光大量西曬的問題，又是景觀第一排，用窗簾遮蔽只是白白浪費了好光好景，就如同景觀裸湯池一樣，享受的就是無價美景，不可能遮掩，這時候，**多餘的窗簾，就是低效裝潢！**

其實讓屋主白白花了錢，卻沒有預期中方便的裝潢設計俯拾即是，舉凡不順手的動線、不夠用的收納空間、失去層次的照明燈光……每個家庭生活習慣及需求各有不同，但可惜的是設計師、傢具軟裝、室內裝潢往往走的是齊頭式的平等設計，花大錢做好做滿就是100分，卻忘了空間應該因人而異、因家而異、因需求與情況而有切合重點的做法，用剛剛好的預算，做剛剛好的設計，過適切的生活。

執業了十幾年，輔導過近萬位屋主的室內設計，在不計其數的個案過程中，**有求必應並不難，難在釐清自己的需求，並建立正確的心態**。很多時候，屋主沒想到的、想太多的、執念與幻想交雜之下，結果就是做了許多難用、用不到、又花錢的低效裝潢。如何能用最少的預算達成最大的裝修效能？如何能不吃虧、不後悔的打造居家環境？如何能避免千金難買早知道？

這本書有我們多年的實戰經驗累積，最真實、直白而同行都不會告訴你的裝潢knowhow，教你如何盤算每個決定／精準拿捏預算、高效裝潢裝修，要你好好問問自己：**「你還在花大錢做用不到的裝潢嗎？」**

# 家像一雙好皮鞋，越穿越合腳、好穿

採訪偶遇好久不見的大學同學，他做的其中一個案子，屋主跟我們也是同世代的人，想要整修父母過去住的房子。我們看著Before照，對屋主的困擾與期待心有戚戚焉。居住三十年的歲月痕跡顯露在斑駁破敗的木作櫃，還有整間的雜物，陰暗、潮濕、擁擠地難以迴身，許多在市區長大的七年級生的老家都是這樣，包括我和同學的父母都還住在這樣的房子裡。我們的成長過程資訊發達許多，對照過去不舒服的住家經驗，也難怪每個人對於自己未來的家有那麼多的期待，希望光明敞亮，希望溫馨舒適，希望有自己的個性，希望無印風北歐風鄉村風。就如同大部份的同世代人，空有想法和品味，我們的荷包深度也大多無法符合期望高度，卻只能對著設計傢俱的照片興嘆，多的是一咬牙多貸款一些，為的就是一個企盼多年、理想的家。

當初我們是真的不想增加太多負擔，選擇用時間解決。一開始對於不完美還是多少有些遺憾，但搬進這個家七年，中間寫了一本書，馬桶塞過一次，屋頂被掀掉一次，還有一堆哩哩摳摳的小事。看到過去的照片，赫然發現改變了好多：存夠了錢換了想要的咖啡機，發現其實原本想要的木地板也沒那個必要了，抱枕套多了N組，還有越來越多掛畫和收藏。我們家像一雙好皮鞋，越穿越合腳、好穿。

人生是不停歇的長河，家也不可能永恆不變，一次到位的只是你當下的需求與品味，不代表五年之後還是一樣。除了看這本書裡的小故事避掉地雷，但我們希望你可以不要急，慢慢來，家是有機體，好好享受變動與成長的過程吧。

# 目錄

Chapter 1

## 拒絕！低效能的風格設計

# 目錄

Chapter 4

# 拒絕！低效能的裝修工法

Chapter 1

# 拒絕！低效能的風格設計

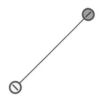

## 裝潢＝裝修＋風格
## 從算式中找到省錢的門道

在什麼都漲，只有薪水不漲的當下，面對住宅環境的支出，動輒都是一筆不小的數目，擔心被坑又怕因小失大，要怎樣才兼顧品質與價格？不妨想想這個算式：「裝潢」=「裝修」＋「風格」，「裝修」多半是解決電線、水管、糞管、滲漏水、壁癌等工程面的問題；「風格」則是空間呈現的美感。「裝修」難省錢，因為基礎工程用得久，工程要扎實，一分錢一分貨任何一個細節都環環相扣；但「風格」來自個人感官意象，想要精省可以找到許許多多替代方案，即使預算有所侷限，不追隨風潮、不複製別人的設計，有時反而是山不轉路轉，運用創新的點子打造個人化 lifestyle 設計。

觀點 1

# 這不是樣品屋，是我家！雖然美侖美奐，卻少了人味？

美侖美奐的建築、空間設計總是賞心悅目，但真的住進去之後，舒不舒服只有自己知道。 **圖片提供＿朵卡設計**

**設計師真心獨白**

「我們想要做成這個樣子。」

看著太太圍著的愛馬仕領巾，先生放在桌上的左手腕上的勞力士錶，還有他們腿上巴哥犬的Burberry頸圈，我在心中默默嘆了口氣，對於接下來會看到什麼已經大概有個底了。果不其然，滑過螢幕上一張張的照片，不是名牌傢具的展示空間，就是頂級飯店的豪華大廳與客房，還有不少是豪宅樣品屋或實品屋的圖片，「大器」、「沈穩」、「經典」等字眼，不停的出現在他們對於未來住家的描述中。

每個人都有對家的想像和期望，人有百百款，品味大概就會有百百種，只要口袋夠深，想要怎麼打造自己的城堡都沒關係，你開心就好，可惜大部份的人沒有這樣的本錢，找上我的客戶也多是這樣，都在掙扎著如何把資源用在刀口上，在這個時候，優先順序就很重要，家的意義當然可以包括投射自我期待的舞台，不過怎麼樣都不該比起感覺自在，住得舒服來得重要。

這對擁有自己事業的夫妻倆，忘記了在家裡他們不用面對客戶，住的也不是一年才來個一兩次的親友，最後我問了出乎他們意料的問題：「你們從外面回到家，換下外衣之後都穿什麼？」一陣猶豫之後，夫妻倆才有些不好意思地回答，其實他們都穿學生時代的舊T恤和運動褲，男主人甚至吞吞吐吐地承認夏天有時候只穿著汗衫跟四角褲。我請他們回去再找看看穿成那樣待在裏面會覺得舒服的空間圖片，而不是給外人事業有成印象的屋子，因為這不是樣品屋，是你家啊，你管別人怎麼想啊！

你必須要知道的是…

## 樣品屋是拿來看的，不是拿來住的

樣品屋是一種商業展示空間，也是隨著潮流變動，從以往的華麗大器到現在的低調奢華，甚至自然無印風或鄉村風，反應的是市場需求，在設計及裝潢的時候，考量的其實是如何用最低的成本看起來吸引人，而不是實用功能，因此會有許多誇張吸睛的裝飾品，例如超大花瓶或是雕塑，動用許多工程的木工牆面及天花板，還有實際使用起來絕對不足的收納，拿著圖完全照做結果很可能不是想像中的那樣。

如果要參考樣品屋的風格，也得想清楚吸引你的是什麼部分，能不能想像自己在裡面自在放鬆。穿著四角褲躺在沙發上看電視，跟低調奢華也不是很搭嘎吧？

藍白跳色的背牆，能帶出空間層次，搭配體積小而多彩的軟裝，就能突顯視覺活潑感。 **圖片提供 _ 朵卡設計**

# 捨棄高價設計，一樣擁有高品質機能

每個人喜好不同，不管什麼風，家的感覺，還是靠心來打造！很多人為了營造風格或機能，砸下重本作了牆面、天花線板造型，或是加裝各種有的沒的隔間、收納，最後不僅積灰塵，也讓室內線條更複雜化。不妨回歸「家」的本質，找到自己居住的適切需要，簡簡單單，就能創造屬於專屬於家的味道！

## 1. 協調不一定對稱

鏡面對稱是古典的傳統技法，整齊劃一的秩序容易塑造莊重、嚴肅的感覺，例如傳統中式住宅正廳成對的太師椅，凡爾賽宮和中正紀念堂。打破方正對稱的格局，就可以創造出隨性感。客廳一定要成套的沙發嗎？不成套的配置，例如雙人沙發是皮沙發，單人沙發即可為布沙發；餐桌餐椅不成套，這樣反而容易有隨意自在的感覺。

老屋翻新時，若舊物狀態良好，可盡量保留，一方面惜物，一方面也能彰顯老房子特色，此案例的楓木地板、天花板、線板就是前屋主留下的，舊得蠻有味道。

### 2. 傢具疏密有致

規規矩矩的擺放一定距離、大小的傢具容易呆板，不如動線的地方留大、有些地方傢具間距放小，傢具疏密有致不會不整齊，可以帶來有趣的變化，也容易形成溫馨感。

### 3. 顏色冷暖交錯相疊

單一色系運用在某些場合，例如商業空間或是飯店客房，可以帶來某些正式穩重的感覺或是新鮮感，但在居家空間內，平板缺乏視覺刺激很快就會讓人覺得呆板無趣。試試看不同的跳色佈置方式，沙發與背牆、抱枕與沙發，冷暖色系混搭，創造出富有活力的氛圍。

### 4. 連結家人個性與嗜好的趣味陳設

想要突破樣品屋的矯情設計，不妨將家人收藏或是特殊需要帶入居家裝潢之中，創造屬於自己家獨特的風格，也更有人味！像是以自己的收藏品取代現成傢飾品妝點牆面，有學齡前小孩的家庭，也可藉由趣味設施如吊床、溜滑梯等，增加空間亮點。家中若是有養寵物，也可在既有空間增建有趣的設計，如貓跳台、小狗窩等，都能打造屬於自己家獨一無二的表情。

# 居家適切裝潢的迷思

## Q1 真的需要獨立的書房、獨立的餐廳嗎？

早期人們習慣用牆面區隔空間，但其實靠著完備的動線規劃，空間可以透過傢具陳設作劃分！減少不必要的隔間，不僅能大大降低裝潢預算，同時也打開空間的阻隔迎進充足採光，居住者將能更輕鬆的在開放式場域中活動。亦或透過彈性隔間做出複合空間的規劃，將客廳結合書房，或餐廳結合工作區、閱讀區等，一個空間多樣用途，視覺不再被屋內的門牆阻擋，自然能舒適自在。

## Q2 如何讓家看起來簡約無負擔？

首先得卸除多餘的線條，空間中除了牆面、櫃體、傢具等非存在不可的線條外，我們可以儘可能減少不需要的線條！像是大面積的壁面或地板上的紋路與縫隙，乍看下沒有存在感，但其實都會在無形中增加視覺負擔，如果能以低反光的樹酯砂漿製成卡多泥塗料處理壁面與地坪，居家空間可以更乾淨純粹。其它如櫃體使用色或材質選用等，建議以素雅低調為主就能展露簡約的生活品味。

## Q3 想簡約但又怕沒有收納機能，該怎麼辦？

要創造居家環境裡簡約舒適的空間，牆面適度的留白是絕對必要的，其實可以透過量體的輕量整合，來換取室內視野的開闊明亮，運用不做滿的櫃體讓視覺上得以有呼吸緩衝的空間。即使是收納櫃、鞋櫃，也不需做滿整個牆面，可比照身高，由地板至上半腰高度，或由天花板而下及肩的櫃體等，都能順勢放大空間尺度，自然能有更舒適的室內立面。

## Q4 想運用跳色配置，但怎麼愈跳愈亂啊？

想要減少空間中過於複雜的色彩和線條，「跳色」的技巧很重要。可以選擇乾淨的基底色搭配一至兩種亮眼的對比色或是圖騰，也可以運用自然材質色低調展現，從材質選搭中調和環境彩度，視覺上就能帶出不一樣的層次。有些設計師會在櫃體選色上傾向與壁面色調一致，減少空間裡量體在陳設時可能產生的視覺干擾，像是選用木質的壁面與地板做鋪陳，營造家的溫暖氛圍，再將亮點擺在沙發或單椅，創造有順序的視覺動線，空間既單純卻又精采。

## Q5 我家空間以白色為主，但怎麼看起來冷冰冰的？

居住者的生活空間與設計其實都是人與自然的延伸，創造有人味的生活感，不妨把「大自然」搬進家裡！除了透過開窗提升自然光或選擇暖色照明外，「綠意」能為空間帶來生命力，選搭綠色植栽或花草，都能為空間描繪出明亮清新的風景。只是植栽的選擇須依循空間特性，像是溫、濕度偏高、通風採光偏弱的空間，可選擇耐濕植物如多肉（虎尾蘭）、羊齒類（抽葉藤、蓬萊蕉）等；萬年青、黃金葛綠葉也是不錯選擇。

透過材質與色彩把焦點放在傢具，自然能創造有順序的視覺動線，空間一點也不冰冷。
**圖片提供 _D&L 丹意實業**

超精省！裝潢講堂 01

# 預算有限下，變化牆面色彩最能輕鬆打造風格宅

想要改變自家風格，又不想大興土木花大錢，其實可從改變空間色彩著手！透過牆面、櫃面等色彩的轉換，既省錢又省工，同時充分帶來煥然一新的氛圍。局部房間空間換色改裝，可以試著動手調色玩創意，全家動員DIY粉刷。若換色面積較大或自己沒有太多時間，那麼也可將整個油漆粉刷工程發包，好處是不必勞師動眾且不易失敗，不論選擇自己完成或委託專業，對於粉刷前面的準備工夫都一定要作足。

**油漆粉刷前的準備工作：**

**1. 清潔：**為保持粉刷後的平整，牆面得仔細刷掉灰塵、刮除髒汙。如果龜裂，裂縫淺的用樹脂補平，較大的裂痕則先切割邊緣，再用AB膠或矽利康填縫。

**2. 檢查：**有壁癌必須先抓漏斷水，泥作防水處理完成後，刮除壁癌處，待壁面風乾，上具有防水功能的油性水泥漆，至少乾燥48小時。

**3. 補土：**又稱批土，補土的成分有太白粉、石粉、石膏、海菜粉和樹脂，以北部地區來說常用品牌為三陽、雙喜、穩美，一桶20公斤，約NT.250～300元，品質不穩定，價差不大還是用好一點的吧！

**4. 保護：**油漆前務必做好保護措施，任何不該被噴到滴到的，例如預留的電源線等等，都應該包覆密實，特別是噴漆處理時漆霧會隨空氣飄散，很容易波及四週，選擇發包的屋主得提醒工班或監工，並約定好事後處理方式。

**進行DIY粉刷的工作重點：**

自行粉刷油漆其實很適合用滾筒塗刷，一次就可以蓋過下方的漆面，且不易產生刷痕適合大面積塗刷，缺點是漆料容易噴濺，得由下往上推並做好防護。只是較小的面積還是要用刷子上漆。通常要將一份水加上四份漆

料（乳膠漆）稀釋，以一次橫刷一次直刷的方式上漆，每次刷完就著室內光線觀察哪個方向刷痕較不明顯，用該方向再刷一次。

不論用滾輪或是刷子，都要用M字型或W字型進行，進行同一層粉刷時，刷面盡量不要重疊或重複塗刷某處，避免漆膜不均勻。

**進行油漆發包的工作重點：**

通常在大部分的木作都已成形時，就可以通知油漆師傅到場估價了，這時候的估價會最正確。屋主需詳閱估價單，務必了解各種單位名稱，以免事後金額出現爭議。

可與師傅討論上漆的方式，通常上漆可分為刷塗、滾塗和噴塗，刷漆質感厚實，但會有刷痕，若舊漆或原始牆面的顏色較深選擇刷漆較佳；噴漆施工快速，質感平滑細緻，缺點是補漆通常都是用刷的，刷痕在原本的噴漆面上會很明顯。一般木作都是用噴漆，也有實木染色上保護漆；實木傢具可以打磨上漆翻新，若表面為美耐貼皮就不可行。

此外，屋主最好親自參與現場試色，雖然師傅都會拿色票選擇，但容易有誤差，人的眼睛很容易被明度高的顏色吸引，挑出來的顏色不一定適用於空間，可能有過於鮮艷或過重的效果，牆面顏色應該是明度較低的大地色系，然後搭配明度較高的傢飾、傢具，這樣才有層次，也不易失誤，只有現場調色可以看到光線下實際的色彩變化。

## 上漆方式整理

| | 噴漆 | 滾筒上漆 | 刷塗 |
|---|---|---|---|
| 優點 | ● 快速省時更速乾<br>● 質感平滑細緻 | ● 不易有刷痕<br>● 大面積刷塗快速省時 | ● 質感厚實<br>● 工具簡便易上手<br>● 靈活用於任何區塊 |
| 缺點 | ● 品項較侷限<br>● 易隨風噴灑難掌控 | ● 易噴濺、滴灑<br>● 小處不易施展 | ● 易有刷痕<br>● 易顏色不均 |
| 適用時機 | 適用於木作表面保護層 | 大範圍的牆面適用 | 欲粉刷顏色較深牆面時適用 |

● 油漆師傅所用的專有名詞，一「底」是指抗鹼底漆一次，一「度」是上漆一層，該做幾底幾度視牆面狀況而定，也影響價格，估價單上必須寫明。牆壁狀況一般，尚稱平整者，通常是 1 底 2 度，新成屋可能局部補土而已；老屋或是牆面不平、或是需要特別平整的牆面時，2 底 2 度或更多層都有，例如間接照明用來反射光線的天花板，就至少要 2 底，否則近光一打很容易看到瑕疵。

觀點 2

# 混搭風很美，沒做好就是不倫不類

有技巧的混搭不但能省下白撩錢的無效配置，還更能展現自家獨有特色。
圖片提供 _left

## 設計師真心獨白

人多嘴雜，明明一家人，風格品味卻可以天南地北！在一次諮詢中，H太太不惜和全家人翻臉也要堅持己見，儘管H先生表情空白、國中生大兒子一臉悶氣，只有視線從沒離開掌機的小兒子看來默許，她就是要美式鄉村風！從線板、白色傢具，窗簾樣式，樣樣都沒有模糊地帶。但畢竟家是屬於每個成員的，即使不說什麼，空氣中也瀰漫明顯的緊張氣息，也足以知道這個決定絕對無法讓人享受新家帶來的舒適，加上即將要一起搬進來同住的老媽媽，想必只會讓更多人不滿意。

我想知道她為什麼那麼堅持，H太太終於鬆口，聊起結婚後的第一間房子，是怎麼依大家的意見作了混合式的風格搭配，又怎麼以不倫不類作結尾。十多年來家中陸續增加了美式單椅、兒童傢具、和風紙燈、印度民族風織毯加上先生的茶壺收藏等，隨著歲月累積的物件，並沒有為家增添風貌，只讓整個家看起來雜亂不堪，如今總算可以砍掉重練，H太太認為：「只有全都要做到位看起來才完整、整齊！」，因此她絕不妥協！

我提醒她，混搭的確有不少裝潢上的地雷，搭的不好就容易顯亂，不過就算搬了新家，老公的茶壺、兒子的遊戲公仔都不會不見，出國還是會買紀念品，看到漂亮的抱枕套還是會手癢，想要的純粹風格又能維持多久？相反的，如果掌握到風格混搭的心法，就能以多元的搭配創造屬於自家獨有的風格，同時皆大歡喜，何不再給混搭一個機會？

你必須要知道的是…

## 隨性混搭的潛規則

台灣民主開放的社會風氣下，其實兼容並蓄了各地文化，我們的生活註定就是多元融合的大雜燴，美式沙發旁有地板抬高的和室，中式花瓶與神明桌都不少見，對台灣人來說，混搭與其說是一種風格的選擇，還不如說是生活現狀。

想避免混搭變成亂搭，就必須避免需要秩序才能表現美感的對稱設計，成套的床組或是沙發電視櫃組方方正正的擺在房子中央，如果擺了其他不成套、特色又強烈的物件，只會顯得扎眼，一多看起來就亂了；混搭的精神在於隨性卻不失層次條理，如果對自己的美學素養沒那麼有把握，就不要選則過於厚重嚴肅的品項，例如深色的黑檀木或胡桃木傢具，都比較難拿來混搭。

美式鄉村風與中式風格混搭，傢具自然地錯落于空間之中，其中 Y chair 是最佳的緩衝物；色彩上則採用大地色的南瓜湯色 / 駝色、灰藍色及白色為主要背景色，質量較大的沙發也都採接近色系，綴以黑檀木色 / 黑色木傢具以及少量紅色，即使不同風格混搭也協調不雜亂。圖片提供 _ 朵卡設計

## 掌握原則就能隨意搭

「亂中有序」是混搭的最好詮釋，除了精進自己的美學素養，其實也是有些小撇步可以學，最簡單的原則其實就是「異中求同」，在各種風格特色各異的家飾傢具間抓出一兩個共通點，就能試著協調出最適合你家組合。

### 1. 色彩規律性

選擇不超過四種色彩作為主色，空間內大部份的家飾傢具，即使風格形狀各異，也都儘量使用這幾個顏色，其他顏色都是少量點綴（因為你不可能要求所有出現在家裡的東西都符合規則），就不會看起來很雜亂。

### 2. 傢具尺寸比例要接近

不同風格傢具可以混搭，但是必須留意大小比例要相近，巨人國的傢具不要跟小人國的混用，例如高大

的義大利沙發旁邊就別跟矮小的日本單椅擺在一起；同一張餐桌的椅子高度和寬度要類似。

### 3. 不同物件視覺比重不可太極端

不對稱是混搭的特色，但是人的視覺傾向於協調，有時候覺得「怪怪的」又說不出來，就是因此搭配不成對的物件時，有哪邊太輕，哪邊太厚重的問題。例如不用成對的床頭櫃，若是另一邊感覺空曠，就該選擇造型立燈或是單椅等等，視覺感受質量相當的物品搭配。

### 4. 不同風格均勻混合散置

如果你設定不只一種風格混搭，就必須確保不同風格的物件能充分融合，而不是一個角落或是房間一個風格，例如美式鄉村風沙發搭中式茶几和明式單椅，不要客廳是美式鄉村風格，到了餐廳就只見全套中式圓桌餐椅。

### 5. 還是可以出現同組的傢具

整組傢具用下來太過死板正經，但全都來自不同造型風格，弄得像聯合國，反而容易失焦。可以整組裏面只留兩三件，其他混搭，例如四張餐椅留兩張相同的，或是沙發茶几跟旁邊的斗櫃同一風格，就不會有太過刻意而造成混亂的問題。

### 6. 用具有共通特徵的物件緩衝

不同風格的傢具家飾間要是衝突太大，找一些跨界品項也是不錯的選擇，例如荷蘭品牌 moooi 出品的簡化古典造型的燭台和燈具，還有著名的 Louis Ghost 古典造型透明壓克力單椅，都是拿來與法式古典風和時尚簡約風搭配的好單品。

### 7. 一致的氛圍

衝突當然有衝突的美感，但是自己的住家不需要時不時的視覺刺激，沒多久就會搞得疲勞萬分，注意設定空間的氛圍，如果客廳是休閒度假風，不管用什麼風格的東西，都抓住「感覺放鬆」的原則，例如看起來柔軟的布製品或籐木傢具，別用硬邦邦或很正式的物品，黑色皮沙發就不應該出現在裏面。

# 居家混搭風格的迷思

## Q1 如何運用已有舊傢具讓家煥然一新？

一般人換房搬家，因為空間的不同，使用的某些傢具尺寸也會不同，硬拿舊的來用，就會發生傢具因太大或太小而使空間產生擁擠或空曠的情況，衣櫃尺寸若與牆面不合，也有浪費空間或無法置放使用的疑慮。不受空間尺寸影響、適合帶走，甚至傳家雋永的傢具通常則可自成一件，不需要遷就周圍環境：像是單品餐櫃、玄關櫃、五斗櫃、單椅或餐椅等，可以是舊傢具的保留選項。另外，有些傢具不需要跟著一起遷移，像是中低單價流行性傢具如大賣場買的格子櫃，就沒有留著的價值。

對於用之無味棄之可惜的傢具，其實大部分而收購價格都非常低，甚至要你貼運費清運。如果真的覺得不甘心送免費送人、賤賣或丟掉，搬家前上網慢慢賣是一個比較有利的方法，剩下的就找有清運服務的搬家公司處理，有些甚至可以二手傢具折抵搬家費用。

## Q2 混搭時最容易 NG 的搭配是什麼？

小空間最怕風格強烈的元素，以建材來說，色彩深沈的原木色系材質例如桃花心木、黑胡桃木、鐵刀木等，這些昂貴硬木帶給人正式、嚴肅厚重的感覺，跟混搭的隨性本質其實完全相反，出現在小部分單品還可以，多了，超難搭。

最常見的 NG 搭配其實是傢具不夠經典，呈現不出其中的質感。經典不是昂貴的意思，而是傢具必須來自好設計，平價傢具品牌 IKEA 很多經典品項都不貴，卻能以簡約、乾淨的設計呈現出質感；或是經得起時間考驗的設計，例如傳統的椅頭仔（圓凳），因為熟悉，百搭於各種風格都不違和。運用前面的原則進行混搭，就不容易出錯，別忘了每件傢具都要好好挑，不好看的單品擺在一起只是更不好看而已。

## Q3 室內設計中主要的風格有哪幾種？各有什麼特色？

通常用兩個向量歸納出居家常見的風格：

### 1. 歷史感

其實是衡量線條及裝飾繁複的程度，歷史感越重，例如古典、明式，不論中西裝飾度就越高，雕花、曲線、線板等等；歷史感越低裝飾度也越低，線條越簡潔。在混搭的場合，歷史感越重，越不適合當背景，想想華麗的水晶燈，桌腳雕工細緻的玄關櫃，怎麼看都主角命，一出場就抓住眾人目光，只用背景線板就沒什麼效益。主角的另一個特點就是不能太多，否則搶戲搶起來都不知道在演什麼，混搭的情況也是，太多反而失去重點；相反的歷史感低的，線條簡單，用起來比較沒壓力，除非造型很特殊，是否成為視覺焦點比較取決色彩，可當背景可當主角。

### 2. 正式度

衡量方式就是你在空間內穿著最見不得人的舊T-shirt和四角褲癱在沙發上的突兀程度，越突兀就越正式，很容易想像吧。這個分類可以幫助你理解風格並掌握同一個空間的氛圍，相近的氛圍會比較容易搭配。基於混搭法隨性的特質，越不正式越放鬆的風格包容度越大，也就是如果採用正式與放鬆風格混搭，正式的比例必須較低，例如你在想在自然風的客廳放一張黑色皮沙發，就用不同色彩和質料的抱枕軟化風格，再選一些傢具或裝潢也用黑色，就能讓皮沙發安然處在自然風的環境。

根據這個分類大致就可以表現成這樣的表格，你可以把你想得到的風格丟進去看看，也能把某個單品家飾傢具放進去。

| | 歷史感← | | | →無歷史感 |
|---|---|---|---|---|
| 正式 | 古典／中式 | 新古典／新中式 | | 現代極簡 |
| ↑ | 鄉村 | 輕鄉村 | | |
| ↓ | | 日式禪風 | | 無印 |
| 放鬆 | 南洋風 | 工業風 | 北歐風 | 自然風 |

超精省！裝潢講堂 02

# 老房子的古早設計 有些可留，有些非換不可！

面對老房子質樸的古早味，保留部分不僅省錢更能型塑特有質感，適用於喜歡打造獨特風格的家或咖啡小店！但是不論15年、25年甚至35年的屋齡，在考慮混搭風格前，最重要的一點就是「功能壞了一定要換！」，別以為老房子裡的老毛病可以睜一隻眼閉一隻眼，現在不處理只怕後面會有沒完沒了的修繕。需要仔細檢查處理的有哪些部分呢？檢視起來可以分為電、水、木、地四種。

### 1.電

電工法規規定室內電線電纜使用年限20年，如果房子是在15或是18年這種尷尬的數字，又不想花錢抽換全室電路，可以只整理電箱，確保設備沒發生過過載、燒融、絕緣體碎裂等等情況下不換天花板的電線，因為現在使用的5～10瓦的LED燈比起過去25～60瓦的燈泡瓦數少很多；廚房則是比起以前耗電的電器更多，多牽專用迴路是必須的。因為關係到安全，電一定要找有牌合格的水電師傅檢查評估。

### 2.水

與水相關可分為浴室、壁癌、鋁門窗，細節如下：

**浴室**—只要有90公分左右的空間作淋浴間，做乾濕分離並非難事。需要考慮的就只有濕區漏水防水的問題，乾區可以保持舊有的磁磚和地板。老房子浴室若無對外窗，就一定要檢查抽風扇風管有沒有接到管道間，風管有沒有破損。很常碰到做工粗糙或投資客做的假浴室，只隨便接到天花板，濕氣臭氣散不掉當然壞得快。

浴室若有漏水，最易在浴室外牆上觀察到。 **圖片提供 _ 朵卡設計**

**壁癌**—這是老房子常見的老症頭，診斷上以地板算起至牆面90公分處作為界定。通常發生在上端特別是靠近或包括天花板的壁面，就是樓上有管線或屋頂漏水；下端牆面要是附近又有水管，就是自家管路漏水；發生在下端附近沒水管處的，還有外牆防水老化的可能。若壁癌特徵都不符合，就可能是因為空氣潮濕、牆壁水泥披土品質不佳造成。通風不良又無主動乾燥設備的浴室乾區，就很容易有這種情況。30年以上的老屋普遍都有潮濕的問題，如果是在棟距窄小的北部市區，通風更差，牆面修整完後，要有與抽風扇、循環扇、空調和除溼機為伍的覺悟。

**鋁門窗**—25年內的房子，其實都不需要換鋁門窗。外牆鋁門窗如果會碰到水，又會打開的，漏了當然整座非換不可；不會開的或不碰水的，例如半室內陽台鋁門，打矽利康就好，不換也沒關係。值得一提的是老房子的雨遮，過去工法材料可能沒那麼好，必須依賴雨遮的擋雨功能，才能維持外牆與門窗壽命，因此最好一併整修。

### 3. 木

老房子的木構造，不論是窗框地板樓梯扶手，除了看得見的腐朽，要注意的是白蟻，特別是一樓，可以試著輕輕敲敲看，聲音空洞，手用點力壓下去就塌掉的，不要猶豫，所有的木構造都拆掉吧！在任何工班進場前先讓除蟲公司消毒，完全根除可能的蟲害，以免夜長夢多。

### 4. 地

有必要打掉重鍊的地板除了漏水，就是磁磚膨拱的問題。但一般老屋較有特色以及留存價值的，是實木拼花地板、大理石或磨石子地板，因為年久失修產生的龜裂破損其實都可以修復，基礎工序包括打磨、修整後上蠟，不是一般泥作以及超耐磨地板公司可以處理，必須要找專業廠商。

老房子地板如果有膨拱變形或破裂的問題，就一定要拆起檢查漏水問題，一點也馬虎不得。
**圖片提供＿朵卡設計**

觀點 3

# 想要除塵防塵，其實根本製造更多灰塵！

**設計師真心獨白**

曾有位網友留言詢問，家人有過敏體質，但為什麼很小心在除塵防塵了，但孩子就是哈啾哈啾打不停？這讓我想起有次回老家，老媽把一尊姿態優雅的錫雕孔雀，包層層透明膠膜陳列在鋼琴上頭。既然是藝術品幹麻不拆開展示？母親大人這樣回我：用保鮮膜包起來，按呢卡好清啦！

一句「按呢卡好清」，報紙蓋住了大面書櫃，擋住了人文氣息；沙發罩著防塵套，精心挑選的質料或花色都沒了意義；放不進櫃子的收藏瓷器乾脆用布蓋起來，藝廊瞬間成了倉庫也沒關係；連電視螢幕外框包著一圈塑膠花布套，是真的有「卡好清」？

沒圖沒真相，網友X太太把家裡包成這樣，真的可以防塵抗敏嗎？
圖片提供 _ 施文珍

這些因噎廢食、削足適履，低效到了反效程度的作法，到頭來只會增加更多落塵量，想想看，如果住在一個包滿塑膠套的儲藏室裡，可以有效除塵預防過敏嗎？還是乾脆把自己包起來最方便省事？

你必須要知道的是…

## 家裡灰塵是怎麼產生的？

想要讓家一塵不染，那麼我們得先對灰塵的由來有個概念，為什麼住在高樓或大馬路邊的人家，就算一天24小時門窗關起來，卻還是無法避免灰塵的產生？因為除了開關門吹入的空氣，人出入身上帶進的細微落塵，只有媲美醫院級無塵室的出入標準才能避免，而且大部份住家的灰塵都是在家中製造出來。

根據英國Dyson的研究，我們每天落下的毛髮、代謝下的死皮細胞，起碼占了家中灰塵總量的80%；別忘了含有各式各樣長短纖維的紙品、布織品，連抽一張衛生紙都有細細小小的纖維飛到空中，有沒有發現臥房角落很容易積淺色灰塵？這些其實才是灰塵的主要來源。

「芋頭色」也不容易髒，還能帶來一般大地色較缺乏的時尚陰柔感。 圖片提供 _ 朵卡設計

這樣做提高裝潢效能

# 捨棄高價設計，一樣擁有高品質機能

只要活生生的人類居住在房子裡，房子就不可能沒有灰塵，我們能做的除了把空氣中可能致病的細菌量減到最低，並建立細菌塵蟎不易堆積的環境外，整體的居住觀感也是挺重要的一環。抗敏裝潢設計竅門如下：

## 1. 選擇耐髒建材

新、亮、明度高的顏色或極端顏色如純黑或純白的建材大多容易顯髒，拋光磚、橘色牆這些會發亮的建材，一旦附著灰塵很容易看得到，倒是仿古的超耐磨地板本來就做舊，大地色系的灰牆本來就是髒色，反而不顯髒。

## 2. 避免過度裝飾

造型愈繁複，打掃起來就愈費力，間照光溝、凹槽線板、開放式收納都是掃除的噩夢；簡單的線條和封閉式櫃體或玻璃門片對抵禦灰塵多有幫助。

懸空的系統櫃腳好清理，加裝紫外線燈管，鞋子擺在地下還能殺菌。
**圖片提供 _ 朵卡設計**

烤漆玻璃好擦沒死角，中島一體成型的檯面也十分好清理。
**圖片提供 _ 朵卡設計**

### 3. 去除家中不必要的縫隙空間

縫隙是污垢是最愛停留的地方，不妨以縫隙小的石英磚、不拼接的烤漆玻璃代替廚房磁磚、檯面則為不銹鋼或人造石都可以減少接縫。

### 4. 減少織品使用

家裡披披掛掛又是窗簾又有地毯和各種門簾布簾的，看似浪漫寫意，但正踩著了灰塵大地雷啊！布料跟防塵一向是難以兩全，特別是布料的纖維直接貢獻了家中灰塵總量，籐麻的編織品也有類似的問題。抗菌防蟎的布料可以避免過敏原生長，但不能阻止灰塵堆積，如果不想妥協改用塑膠纖維的替代品，就得斟酌布品的使用量囉。

### 5. 預留掃除空間，減少清潔死角

選購配合清潔機具活動高度的傢具，系統櫃加踢腳板，不但好清掃，你還會發現東西被小孩或貓玩到異空間的機會大大減少。

# 杜絕灰塵的O與X

## 1（X）用濕抹布擦拭

或許你還有些印象，用濕抹布擦黑亮的櫥櫃桌面，乾了之後總還會黏個幾絲纖維，也不知道是抹布留下的還是因濕氣沾上的，抹布擰不夠乾，還外加幾抹水痕，搞得擦好像沒擦似的。正確地擦法應該是先用乾布擦，真的很髒再用噴了水的半乾的抹布加強清潔。

## 2（O）家中看不見的靜電是幫兇

很多物品粘黏灰塵是因為靜電，因此市面上有不少傢具用抗靜電防塵噴霧可以選擇，有些偏方，像是稀釋潤髮乳或衣物柔軟精加水，也有同樣的效果。

## 3（O）地板每天都要擦

比起地勢崎嶇複雜的其他家飾傢具，平滑的地板真的很好了……所以應該儘量每天掃。我不是開玩笑的，常清掃地板可以大大減少被揚起的灰塵落到其他東西上的量。家有掃地機器人的朋友就好好驅策它們吧，沒有的每天花五分十分鐘將常活動的區域走道吸吸掃掃當運動，不想彎腰掃床底就別彎了，這樣起碼能讓家裡撐到你有力氣有心情大掃除時狀況不會太恐怖。

## 4（X）響應節能省碳，除塵抹布就是要洗了再用用完再洗

靜電除塵抹布擦得時候不會讓灰塵又跑回空氣中，髒了換掉就好，用水清洗只會愈洗愈髒；另外，所有家中住著毛小孩的朋友沒人不知道黏毛滾筒的好。一個拿來對付光滑表面，一個是布面專門，你可以準備好幾支，擺在順手好拿地方，例如沙發茶几下方，看電視前黏一下沙發背上的掉髮之類的，用完插／掛回去，保證使用率大大提升，不用特地花一大塊的時間清掃也能保持一定的整潔。

## 5（X）空氣清淨機可有效清掉灰

空氣清淨機有用，但效果有限。

空氣清淨機依據機能可以移除花粉、臭氣、煙塵、多數過敏原，HEPA 濾網可以過濾 PM0.3 以上的細懸浮粒子，但如果是濾淨肉眼可見的灰塵與寵物毛髮，這項工作主要是落在清淨機的「預濾網」(prefilter) 部分，也就是第一層孔隙較大的濾網，有不少是水洗式的，常清洗更換對主濾網的效能和壽命很有幫助。

空氣清淨機是使用抽風方式吸取空氣過濾，因此只能吸取到懸浮在吸力範圍的空氣中的灰塵毛髮，不可能將已經掉落到地板傢具上的捲起來，而重如灰塵毛髮的懸浮物通常在被吸到之前就落下了。減少細懸浮粒子的確能降低灰塵生成，但是想要維持可見範圍的整潔，用吸塵器或靜電除塵工具清掃還是不能省略工作。

系統展示櫃採用簡單的玻璃櫃門隔絕灰塵。
圖片提供＿朵卡設計

觀點 4

# 不需花大錢換房 也能有大坪數的享受

捨棄過度複雜的裝潢，
空間自然放大又舒適！
**圖片提供＿黃雅方**

## 設計師真心獨白

林先生是著名檜木傢具品牌的員工，對自己的品味其實頗有的自信，所以我不太驚訝他開口就說「其實我本來不想來的」，自己動手規劃的裝潢都已經完成了，還來參加免費咨詢，是因為他去看了隔壁鄰居的房子。

「明明就是一樣的格局，為什麼他家看起來比較大?!」

他的鄰居正好是我的客戶，差不多時間交屋的新成屋，林先生赫然發現他的豪宅級傢具沒有帶來豪宅效果：「我看他們家的牆是彩色的，覺得應該是顏色不同，連帶的整體空間感覺不太一樣。」不過案情沒有那麼單純，林先生家用來襯托和風傢具的白牆，不僅無法創造任何空間感的層次變化，傢具本身與空間的比例也是大問題，加上深達50公分的玄關櫃，一進門就出現壓迫感，也難怪看起來擁擠。

客廳格局中，沙發通常依客廳主牆而立，主牆面寬多落在4至5公尺之間，最好不要小於3公尺為適當。以空間舒適的比例而言，對應的沙發與茶几相加總寬可抓在主牆的3／4寬，也就是4公尺主牆可選擇約2.5公尺的沙發與50公分的邊几搭配使用最為適當。

在我們作了更改牆色、重新配置燈光、重做系統玄關櫃之後，空間已然清爽了許多，林先生毅然決然賣掉霸氣的高檔原木傢具，換成符合不到40坪住家的沙發，大概是心裡的自我感覺良好，還是比不上居住實質感覺良好吧。

你必須要知道的是…

## 掌握比例 能讓狹小空間脫胎換骨

常有人見到名人本人，才發現沒有電視上那麼高大，那是因為身材比例好，找對人對戲就看不出來個子小。同樣的道理，體積大的傢具，即使單品看起來再怎麼美，塞在沒那麼大的空間裡，不但實質活動空間減少，視覺上就是顯得窄仄，若是深色，看起來就更龐大厚重了。也別同樣大小組合通通來一份，精品店商品擺很少，反而顯現得出價值，同樣的東西塞滿outlet，看起來就是廉價。如果家裡的空間不大，不用堅持三二一沙發組、餐廳一桌四椅塞滿滿，比例恰當，小空間也可以變大。

冷色系牆可在有限空間中製造深度，局部投射的燈光則能增加室內的視覺層次，讓空間顯得不擁擠。 **圖片提供 _ 朵卡設計**

這樣做提高裝潢效能

# 用對光線與色彩，勝過實質空間規模

即使是狹隘小空間也不用氣餒，只要將室內光線運用得當，再搭配色彩放大視覺原理，也能製造類似的空間錯覺。

## 1. 冷色系牆製造深度

就像化妝師畫出更具立體感的臉，相對顴骨修容打亮的，是使用深色的眼影、鼻翼下巴暗色陰影，也就是所謂的後退色。同樣的道理也用在空間設計上，明度低的冷色系，例如較深的灰藍色，可以使景深變深，相反的用較淺、明度高的顏色則會產生前進跳出的效果。用背深面淺的手法，沙發背牆用深色，前方用淺色，空間自然放大。

## 2. 局部打光善用陰影

燈光的強調效果我們會在後面說明，在擴大空間感的運用上，搭配色彩技巧，端景牆使用深色，聚焦燈打在端景牆上，就能強調裝飾，並讓後退效果更顯著。

傢具愈少愈能放大空間，如果客廳長度不足，捨棄傳統茶几或咖啡桌，改用小邊桌甚至腳凳替代則可讓室內空間更寬廣。
**圖片提供 _ 朵卡設計**

## 3. 結合室外延伸空間感

自然光線和景觀光線能創造視野，讓人身心舒暢，當室外景深能夠拉進室內風景，空間感自然放大；較陰暗的房子，若允許穿牆鑿窗，就可引光引景。也可以在僅有窗戶的窗簾盒上設計T5光溝，加強自然光，或靠窗區做障板天花，障板上裝T5燈管，往上打光，折射的光線也有仿自然光的效果。

## 4. 鏡子一面，空間雙倍

鏡子是商業空間愛用的魔術屋放大手法，一般住家比較會有使用禁忌，或是風格考量的問題。這時可以考慮少量用在空間的角落，例如牆的邊角，不會直接照到人，但你眼角餘光瞥到時卻有後面還有空間的感覺。

## 5. 用最少最精的傢具製造最精采的小空間

傢具越大越重，或許收納較多但不一定越順手，而且相對的活動空間就變少，靈活擺置的可能性也越小；傢具越多，能表現其獨特美也越不可能。選擇最適合你的空間大小的傢具，才能創造功能完備又有個性的空間。

# 小宅變大！花小錢的居家擴大術

很常碰到買新成屋，或是原本的屋況櫥櫃都很好，不想多花錢大興土木的屋主，這時後視覺空間放大術最有用，加上聰明修改櫥櫃，不但更好收，也更省空間。

**1. 膠帶法**：使用膠帶定位法決定動線，主要傢具擺放位置。

**2. 油漆調色**：油漆是基礎工程的最後一步，如果是不動基礎工程的輕裝修，這裡開始就是第一步，系統櫃和木地板都在這之後，如果櫃子和地板已經在了，保護工作要做好。如果是請專業油漆工班，你的最重要的工作就是調色這個時候決定色彩。

**a 調色不要只看色票**：

一般工班或是油漆行會用色票讓你帶回家挑選顏色，但非專業的我們看小小的色票，其實與真實整片牆看起來差很多，通常都是顏色不夠深，最好是直接在牆面上漆一塊，等乾了之後就真實的光影判斷。

**b 加黑色就對了**：

藍綠等冷色系有收縮後退的效果，加進黑色降低明度，成為灰藍或灰綠等大地色系，加進白色則可以調整提升明度；黑色加越多越暗，會退更多，讓前景的傢具跳脫出來，很適合你一進門直接面對的牆面，例如沙發後面或床頭牆，還有走道底端等端景牆；其他牆面則可以選擇暖色系平衡氛圍，創造出錯落有致的感覺。

**c 天花板也可以變色**：

走道部分天花板漆深色，就有變高的感覺；開放但不同屬性空間，例如客廳與餐廳，天花板漆同色可以讓不同空間融為一個大空間，感覺更寬闊。

**3. 燈光**：在天花板開新的燈孔，例如嵌燈，必須在油漆之前進行，油漆之後再進場安裝。很多人會找水電裝燈，其實專業燈光工班可以出圖，對於配置投射燈等輔助光也較有概念。新成屋或中古屋，可以用下列的方式調整：

**a 降低普照光源亮度**：

不要整間燈火通明，原本就有的間照可以換成瓦數較小的燈管，或吸頂燈可以換成吊燈，燈泡也換成瓦數較小，亮度較低。

**b 配置聚焦投射燈：**

冷色牆，端景牆配置聚焦投射燈，若不挖燈孔做成嵌燈式的，可以選擇軌道，同時能用多盞，而且可以移動，靈活性高。

**c 功能裝飾兼顧的活動燈具：**

會發亮的燈很自然會成為視覺焦點，選擇好看的桌燈、立燈和吊燈其實跟選擇傢具一樣，最後裝修完成再添夠才能精準搭配。

**4.櫥櫃**：小空間最忌高大的整面傢具，櫃子不做高，高櫃則換用淺色或白色門片，減低壓迫感，拿掉門片和背板的開放式櫥櫃也有讓牆面後退的效果，或是乾脆拿其他東西取代，例如有人拿茶几或長凳替代電視櫃，看起來更輕盈。

**5.矮個子的活動傢具＋一物多用**：低矮的傢具可以讓空間感覺更開闊，沒有壓迫感；空間真的不大，可以用L型沙發，不要買前面的茶几咖啡桌，只用一個活動邊桌。人口不多餐椅就不要多買，床邊桌或沙發邊桌用風格板凳取代，客人來還能拿出來坐。

**6.終極偷空間**：有些空間是你想都沒想過可以用，例如連接廚房的後陽台，有客戶拿來放專業烤箱，完全不用擔心廚房太小太熱；廚房只夠容納一人移動，大約是80—100公分的寬度，其實還能在流理臺對面的牆上釘20公分寬的層板。客餐廳連通的空間，中間是超過100公分的走道，靠牆的沙發其實可以微微突出牆面到走道，配合天花板漆色，能讓客餐廳看起來更一體、更寬大。

小空間最好能避免高大且占據整個牆面的傢具，桌櫃適切高度才能展現空間的開闊。
圖片提供＿朵卡設計

觀點

5

# 在照明設計上省小錢，當心換來一屋子的廉價感

**設計師真心獨白**

網友買了價值不菲的義大利 Natuzzi 沙發，才開開心心地迎回家，沒兩天就急急的跑來問我：「為什麼沙發在店裡明明看起來很有質感，到我們家卻看不出來啊？難道真的展場展示的跟送出的是不同的貨?!」「的確，賣場與你家不同，但問題絕不出在貨品，是燈光！」

就跟自拍不免調濾鏡修圖修半天一樣，賣場或展場的目標就是讓你看到商品最美的一面，秘訣就在燈光。聚光燈一打下去，就算是 IKEA 大量製造的工業化傢具，也會變得很有質感。這其實也是房仲流行的「屋妝」祕技之一，用燈光迅速便宜的提升空間價值感，不用大興土木就能有精品傢具旗艦店級的效果，否則百萬沙發組擺在省電燈泡下，看來跟你結婚前租房子時買的便宜貨可能沒太大差別，也太悲劇了。

燈光不對，就會讓所有傢具質感大打折扣。

**圖片提供＿黃雅方**

你必須要知道的是…

# 只有內行人知道的燈光照明秘訣

傢具是居家空間的主角、而燈光就是最佳化妝師。常看到許多住家，花了百萬裝潢、昂貴沙發，卻只用沒有層次的吸頂燈，甚至白光日光燈管，把圖書館全亮式燈光設計搬回家，這就是低效裝潢。一般住家生活上很少需要如辦公室和醫院等公共空間的均亮環境，單調的光線、眩光讓人視覺疲勞，無法放鬆，如果只用單一顏色的漆，那更是完全沒有修飾的效果，就真的是讓傢具失色、牆色黯然，也無法利用明暗層次創造景深、放大空間。

好的照明能創造室內亮點，還能提升傢具的質感，形塑空間語彙，不需要多餘傢飾裝潢，就能帶出極高的裝潢效益。
圖片提供 _ 朵卡設計

多重光源的照明為居家空間創造舒適氣氛。**圖片提供 _ 朵卡設計**

# 掌握照明特性就能創造理想光源

想豐富空間表情，提升傢具質感，多重光源是最佳的策略：每個空間裡即使有主要照明，還是應盡量配置多重的輔助照明才能營造光影的變化。

## 1. 用調光開關彈性轉換光度

普照性照明顧名思義就是照亮整體空間的照明，與家中其他光源比起來，亮度應該最低，才能與家中其他的光源一起運用。想要有柔和的光線，許多屋主會採用間接照明，但這就非做天花板不可，也必須要求漆面細緻，否則光照上去瑕疵無所遁形，想省錢省事，乾脆用調光開關，可明可暗，運用上更靈活。

## 2. 配合居家上的需求做重點加強

例如閱讀和手工藝等需要眼力活動的地方，擺上立燈或檯燈，風格燈具本身就是焦點，除了照明也能妝點空間；走廊或轉角處裝設壁燈等，自然光影就會鮮明有層次。

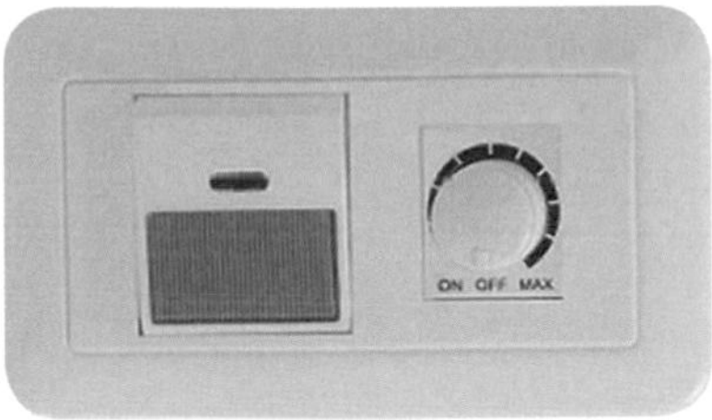


調光開關可自由調節室內亮度，對於燈光有特殊需求者特別適用。
**圖片提供 _ 茂忠企業**

### 3. 利用投射燈隱惡揚善

人眼會自然往明亮的地方看，注意力同時集中，忽略外圍較暗的區域。舞台、博物館、藝廊和精品店、珠寶店都是利用同樣的展示方式；精心調整光線投射角度，連平價商品也能強調色彩及輪廓，戲劇性的光線製造價值感，細節反而不明顯了。室內設計的「強調」手法，就是利用這個特性，選擇空間中的視覺中心，用燈光引導視線，不論是傢具、掛畫、藝術品或是端景牆，瞬間讓質感倍增。

### 4. 對的點用對的燈

光源可以擴散在45°～60°的 LED 燈，都可以作為聚光燈使用，以前多用25瓦甚至50瓦的石英鹵素燈，又熱又刺眼，現在改成 LED，多在 5 瓦到15瓦之間，最常用的有 LED AR111、LED MR16，省電之餘，還兼燈光美、氣氛佳。

有些人不願意用聚光投射燈的理由是直射會傷眼，可以選用燈泡退進燈筒的款式，但這種燈本來就不是拿來作為功能性直接照明使用，要閱讀或廚房操作，還是要選擇照射角度 90°～ 120°的光源，例如省電燈泡、漢堡崁燈、LED E27 燈泡燈具。

## 常態照明型態分析

| 普照性光源 | 輔助性光源 | 功能性照明 |
|---|---|---|
| **以主要照明為主**<br>開了整間都會亮，不會有哪裡比較亮或不亮，感覺都差不多，也稱為背景燈，很多歐美住家其實都不用，但台灣人喜歡晚上室內也明晃晃，所以很多成為家裡的唯一光源。 | **以次要光源為主**<br>主要目的是增加光影層次，引導視線。有時局部打亮能增添視覺焦點，不論照明外型或亮度都能變化，能配合空間需要作不同的設計。 | **有特定功能**<br>有特定目的需求時的專用照明，大部分這樣的燈都以活動燈具居多（除了餐吊燈除外），為了讓人在工作、閱讀、烹調、用餐時看得更清楚更舒服而獨立設計。 |
| **使用方式**<br>可以用傳統的吸頂燈、吊燈，或直接用多盞軌道投射燈取代，但是兩種最常見選擇需要做木作天花板；光溝式間接照明和省電燈泡嵌燈，偶爾看得到的流明天花板也需要。 | **使用方式**<br>過去投射聚光燈都是溫度較高且較不長壽的鹵素燈，現在則改用 LED，款式有吸頂式、夾燈，得在天花板開洞的嵌燈式，大範圍軌道式多盞燈同時使用甚至可以涵蓋普照功能。 | **使用方式**<br>如書桌燈、床頭燈、玄關夜燈、沙發閱讀燈等，活動燈具有各式各樣的造型，和傢具一樣除了實用也有很重要的裝飾功能，也和傢具一樣，裝修完最後依功能需要、搭配風格再購買。 |
| **注意事項**<br>吸頂燈、吊燈及投射燈，經常需要做木作天花板作陪襯。 | | **注意事項**<br>桌燈選購時要注意護眼機能，床頭燈或夜燈市面上則有感應式、觸控或聲控等選擇增加便利性。 |

照明，並不是買個燈具與燈管回家安裝在天花板上這個簡單，室內燈光打得好，就能讓簡單的空間看起來美感倍增，甚至能放大視野，花點小錢為你賺進無價舒適。

居家照明光源可分為普照性光源、輔助性光源、功能性照明三種，燈具選購上可區分為兩種：

### ● 純功能性燈具

燈泡燈管、盒燈、桶燈、間照、嵌燈燈座可在一般坊間電料行或網拍購得，價格可能較便宜；若覺得自行採購麻煩，也可連工帶料發包給水電或專業燈具公司。以橫插式有玻璃罩的E27省電燈泡式嵌燈來說，含施工約為NT.320～370元（工班暱稱漢堡燈），直插式約為NT.300～350元，施工包含安裝、挖洞。

### ● 具裝飾性燈具

除了活動燈具以外，包括被稱為美術燈的造型吊燈和吸頂燈你可以自行採購，再請工班安裝。除至各大家飾賣場（Ex：IKEA、特力屋、品東西等），現在網路也幾乎沒有買不到的東西，但是最好找有實體展間的，看實物決定比較好；若想要尋找特定風格或台灣製造的燈具，可往風格藝品雜貨店或骨董舊貨行尋找，或許有意外收穫。

有些人嫌麻煩直接給工班包美術燈，價格大概就沒有自己找的漂亮，款式也是固定工廠型錄出來的東西，要有心理準備。

除了經由室內設計師作照明選配外，自己發包的屋主在燈光上偏向於由水電承做，現在有越多人找具燈光設計概念的專業配燈廠商，一般照明經銷中心、燈具通路商等大都有配燈諮詢服務，費用不見得比較貴，有些還會出燈圖，可以多方面詢問比較。

利用投射燈打亮效果，彷彿為家上了薄妝一般，也使居家空間更顯溫馨。

**圖片提供 _ 朵卡設計**

觀點 6

# 俗艷的寢具，足以毀掉百萬裝潢！！

**設計師真心獨白**

在執業過程中，三不五時會碰到這種問題：「我的臥室不大，怎麼裝修才能裝得多、看起來大、住起來又舒服？」哇，這麼貪心，想要三個願望一次滿足？小空間想要爭取較寬闊的空間感、提升實質上的舒適度並不難，只要床不置中選擇靠牆放，用不對稱的床組，加上風格燈具和漆色運用就有不錯的效果；收納或許不能像哆啦A夢的四次元口袋，但是還是有一些可以讓日常生活更順手的設計，例如臥室內玄關、兼可避樑的樑下床頭櫃；除非租的就是小套房，否則永遠可以把東西收到另一個房間去。

費心費力地安排之後，大家常

寢具往往決定了臥房的核心視覺觀感，比起花大錢做床架床頭櫃，一套對的寢具比什麼都能形塑想要的臥房風景。 圖片提供＿朵卡設計

常忘記臥房最顯眼的其實是寢具，而寢具也主導了臥室內的整體視覺感受。床架的形式、床頭櫃的花樣都比不上一套有品味的寢具，百萬裝潢的成敗其實也就在這裡。最常看到小提花亮面，或寫實提花面料，擺在無印良品、有情門這種日式或北歐風，線條簡潔的床架上，說有不搭就有多不搭，毀了精心挑選的傢具效果，為了爭取空間做的努力都白費了。可以省錢買傢具，但絕不要省錢買寢具，花大錢買豪華卻艷俗的寢具更冤枉。

你必須要知道的是…

## 臥房配置不可不知大地雷

臥房裡有容量不小的衣櫃、床架、寢具，全都價格偏高體積又大的品項，也是最常發生低效裝潢的地方。第一個常見雷點在空間：衣櫥不要坐落在床對面，會給人帶來極大的壓迫感，感覺更加窄小。第二個常見雷點就是寢具了！枕頭、被套、床包千萬不要始終如一地用同色系、緞面或亮面的寢具。同色系看起來沒有層次，易使空間平板沒有深度，沒有放大效果也沒有出色之處，完全是室內設計的大忌。除非你的臥室真的夠大，可以撐得起整套奢華風格的單色寢具組，否則除了長輩送的結婚禮物，還是別把錢這樣花，不適合的寢具搭在不大的臥室，之前的努力都前功盡棄啦。

床頭有樑常是風水中的煞氣，其實只要作好收納，就能適當化解且更多了收納的機能。

# 臥房舒適配置之必要

想要打造舒適無壓且具風格美感的臥房，除了得根據坪數作傢具的規畫配置，更要從進房門開始打造順暢的動線，以下幾個重點一定要看。

## 1. 臥室也需要玄關

我們並不是只有進家門才再脫這放那，整個過程其實延續到進房間，脫下手錶首飾，換上家居服。換下來還沒要換洗衣服常常成為空間亂源，最常見到不知道該往那擺，於是全都堆在某張椅子上，整理這些衣物的迫切性有時高於衣櫃的收納。

在臥房進門處設置開放式的吊掛架，或是撥出衣櫃靠門、靠床腳的部分做成無門開放式，或是透氣的格柵／格子門。我們通常不會繞過床才開時脫換衣服，留意自己和孩子的活動習慣，決定臥室玄關的設置處，才能達成順手收納。

## 2. 兒童房、小房間的配置

有些臥房面積有限，就不需要像大空間一般置中擺，搞到兩邊窄道進出不便，不如偏一邊讓走道一邊大、一邊小，或少掉一邊的動線，讓床靠牆或樑，留大一邊的空間更寬闊也更能有彈性的規劃。

## 3. 避樑也可以兼收納

床頭若壓樑，樑窄可將床往前移，牆面釘上層板或收納櫃，整理睡前的書籍雜物；若樑較粗，床往前移會影響動線，就建議換一個方向置床，樑下可以設計深度較深的衣櫃，一樣可以把橫樑藏於無形。

## 4. 容易凌亂的線條可化零為整

臥房中除了床外，收納衣物的櫃體、化妝檯、各式斗櫃等，都可能增加室內線條的複雜度，無形中也增加了擁擠的感覺，想要創造能安穩睡寢的空間，就得把過於繁雜瑣碎的立面線條簡化，像是多運用可密閉的櫃門、減少層架，或化繁為簡，以布簾遮擋容易凌亂的區域。

## 5. 衣櫃不一定要在房間

放了床設了衣櫥若沒有轉身的餘地，衣櫥可以迷你尺寸或只擺五斗櫃，也可考慮將衣櫥設在另一個房間，尤其像是新婚夫妻的兩人世界，購買了三房但又不一定用得到這麼多房間，實在可以將不大的主臥只擺床及橫摺衣物的五斗櫃，用鄰房來做走入式衣櫥，不僅收納多了、睡覺的空間也不會太凌亂，工程的部分只要將鄰房打開一扇門的大小，工程省錢、又保持了容易轉手的三房隔局，一舉數得。

## 6. 冷暖色、跳色的混搭

其實冷暖色系互搭最簡單也最出色。冷色系是綠色、藍色等，深則沈靜淡則清爽；暖色系就是紅橘等，深則熱情溫暖，淺則甜軟。較大面積的被套或床單作為底色，枕頭就可以用另一個色系，加上花色與素色考慮進去就會很豐富；床頭大型掛飾或牆色也可以與寢具顏色互跳。現在的寢具不少很貼心會將被套和枕套床包做成不同色，甚至是雙面被套，搭配的困擾就減少大半。

# 打造舒適臥房重點

## Q1 寢具怎麼挑、怎麼買較划算?

聽過有人在清水模的住家裡睡睡袋的例子,為的就是貫徹 Hardcore 極簡主義中真正家徒四壁!不過如果沒有特別想追求某種藝術境界,大部分的人仍比較偏好睡在綿綿軟軟的床上,想要有較高品質的華麗時尚設計又不想花大錢,國際級平價品牌 Zara 與H&M是好選擇。

但是不論在哪買,最需要留意的其實是寢具的尺寸。主流床鋪寢具有台規、美規、歐規、日規,同規格各品牌間還常會有幾公分誤差,床墊跟被子規格不同也是常態,最常發生買了喜歡的寢具回去沒法用;建議有空就先量好記在手機裡,床墊別忘了要量厚度,影響到床包套不套得上去,買的時候拿出來對,就不用特別記你家是啥規啦,真的找不到適合的,拿著尺寸去永樂市場或傳統寢具行挑布訂製也不錯。

淡綠與淡藍的壁面塗裝,在投射燈照明之下巧妙營造出簡單而舒適的臥房氛圍。
圖片提供_朵卡設計

## Q2 臥房中如何拿捏床具與走道的比例最為恰當？

單人床可以置中可以靠牆，問題通常都出在兩邊都想留走道的雙人床。以330公分床頭牆，一座標準深度60公分衣櫃，IKEA寬160公分的雙人床為例（接近台灣尺寸標準雙人床）：

**正確擺法：**置中之後剩餘的空間，兩邊走道都只剩55公分，無法正著走，衣櫃除非用滑門，否則45－50公分寬的門片，打開走道就滿了，人只能站在門片中間。

**錯誤擺法：**走道留大小邊，靠衣櫃70公分，人可以正走，打開衣櫃門可以退一步瀏覽衣服；另一邊40公分，人可以側身走，鋪床也不麻煩。

只要移動一點，就不用犧牲活度舒適度。這樣的擺法床頭櫃就得不對稱，現在找得到小邊床頭適合的款式，要不然一張板凳加上籃子或抽屜櫃隨性好用。

坪數較小的臥房，可讓床偏一邊擺放，留下較寬敞的空間作更多運用。
圖片提供 _ 朵卡設計

## Q3 容易失眠的人如何建構不受打擾的臥室？要注意哪些細節？

睡不好，先找出真正的原因。有些則常態性失眠可能有些病理上的因素，可以尋求睡眠門診幫助，沒有找出真正的原因，糊裏糊塗做一堆，沒有根治問題又浪費錢。找出原因之後，再著手從最精省的方式改善

通常有以下幾個重點：

**1. 創造純睡眠空間：**臥室內只放幫助你睡眠的東西，所有物品存在的唯一功能就是幫助睡眠，也就是不擺書桌跟衣櫥。好像沒有什麼實質關聯，但不少客戶回應，這對於進入準備睡眠的心理狀態相當有幫助。入睡前如果你要看電視才能睡著，就放電視，手機會讓你想一直拿起來看，就放在外面，有些人要狗狗睡在旁邊才安心，就為牠挑個好看的床放在你的臥室吧。

**2. 光線：**臥室是最不需要普照性光源的地方，但會需要好幾個功能性的燈具。除了床頭燈、書桌燈，你可以在衣櫃前方用夾燈或挖孔做投射燈，幫助你挑選著裝。有些人睡覺要留燈，更多的是天一亮就被光線喚醒的，有些臥室窗戶東曬，或是晚上工作白天睡覺的人，就有遮光需求。捲簾的布片可以達到99%的遮光率，但不適合大窗或落地窗，這時用夾黑紗的三明治也可以達到90%的遮光度；另一種幾乎可以達到100%遮光的背膠防光布，卻有車縫針孔透光的缺點，有些人認為反而更干擾睡眠。

**3. 聲音：**很少人是真的要極端安靜才睡得著，相反的，一根針掉下來都聽得到的程度反而睡不著，不是越安靜越好。如果是真的因為外面的噪音，也不一定馬上就用到隔音氣密窗的等級。隔音氣密窗是氣密度較高的氣密窗，用在機場、大馬路旁邊，價格可以高出一般等級的氣密窗一倍；玻璃夠厚，搭配一般程度的氣密窗在住宅區效果就算不錯，其實窗簾也有隔音效果。要按照居住環境選擇，才不會造成浪費。

## Q4 臥室內想創造獨立穿衣間，又不想讓空間變狹小，該如何處理？

獨立穿衣間的優點，其實是內容物可以一覽無遺，還有沒有櫃框，收納物比較不受體積形狀限制，收納量反而不一定比較高。想要衣櫃一覽無遺，不會被滑門片擋住或是拉門佔據空間，空間又不夠再隔一間，可以用半獨立妥協式穿衣區，如果開門靠門後的那面牆能向後退 60 公分，就是最合適的設置穿衣區的區域。

## Q5 哪些材質能提升臥房的舒適感？又哪些材質只會讓房間愈看愈疲累？

材質本身除非直接接觸到人，視覺上較有影響的還是圖樣色彩：花樣繁複張揚，每樣東西都是要求你的專注，就容易讓人疲憊；冷色系較容易營造平靜的氛圍，有人看到某種材質會產生與放鬆沈靜相反的聯想，例如看到金屬、皮革、反光亮面就變得如工作般的清醒專注，那就是該避開的材質。

寢具的花色不僅影響臥房的室內風格，更與睡眠品質息息相關。 圖片提供 _IKEA

# 在家打造飯店級享受，專業寢具選搭佈置攻略

想要如飯店般豐富的效果，在寢具搭配組合上先了解一下有什麼元件可以使用。一套台灣常見的西式寢具組合，除了掀開來才看得到的床單（bed sheet），可以分為兩部分，大面積外罩以及可用來跳色的枕頭。

**外罩：**

**A. quilt／針織被或薄被：**表布和底布中間夾一層填充物，整條被子壓縫，常見的拼布被就是傳統的 quilt，現在則是有很多不同花色及壓線造型款式。

**B. duvet cover／被套（或被單）：**裡面塞羽絨、蠶絲、棉絮、聚脂纖維等各種材料的 Duvet Inserts／被心（或被胎），也就是我們冬天最常用的被子款式。

**C. coverlet／床罩（又名「大披」）：**大面積蓋在最外面作為裝飾的單面被，常看到旅館飯店裡的幾乎只有一兩層布料，就算有填充物直接拿來蓋也沒那麼舒適，還是以裝飾用途為主。

**D. Blanket／毯子：**毯子有各種材質，最常見羊毛和聚脂纖維，可以墊在身下也可以蓋在身上，用在床上通常作為保暖層，比較少露在最外面。

**枕套：**

可以分為 pillowcase 和 pillow sham，在構造上只有些為的不同，但前者單純拿來睡覺，後者有不同尺寸可作為跳色搭配的好工具。

**A. standard sham(51 x 66 cm) 及 king sham (51 x 92 cm)／枕頭套：**可以拿來睡的枕頭套，依床型可以搭配兩種尺寸的枕頭，也是有 Queen size 但較少見，通常直接用標準尺寸。

**B. European Sham 或 European square (65 x 65 cm)：**大抱枕套，一般市面上也有 72x72cm 或 60x60cm。大抱枕實用上提供你坐在床上腰背的支撐，視覺上是營造層次感很重要的品項。

**C. Boudoir sham(31x41cm) 小腰枕套：**小腰枕與抱枕一起作為提供主要裝飾的元件，可以使用大膽明亮的花色。小腰枕通常都與寢具一起賣，而

沙發也會用的抱枕則到處都買得到。

**D. Cushion cover／抱枕套：**尺寸本來應該很單純現在也有點不單純了，所以也發生買了抱枕套不合用的事。一般抱枕45 X 45 cm，50 X 50 cm，IKEA還有不可換枕套的40 X 40 cm。

**寢具選搭方法：**

1. 以大面積外罩作為底色，如果被毯有多層或是裡外雙色，靠近枕頭那端還能翻折，創造出更有層次的變化。一般薄涼被沒有大到足以覆蓋雙人床的尺寸，你也可以買兩條喜歡的縫一起。

2. 枕頭可以選跟被子外罩相關聯的顏色，通常購買寢具也是枕套與床罩或被套相近同色。買兩套以上不同色系的床組，枕套可以同時用，廉價素色的就行，枕頭或大靠枕用不同組交錯互跳。

3. 抱枕腰枕選用明度高跳出的色彩圖樣，可以用一到三個甚至更多。

4. 不只是好看的床尾毯（bed runner）：住飯店的時候會碰到床尾蓋著細長的裝飾毯，可能是華麗的刺繡或絲質加流蘇等等，事實上原始的形式和功能，其實是薄毯（thrcw），讓你鑽進被窩前，坐在床上閱讀、看電視蓋的，後來才演變純裝飾。你能選擇與枕頭或床頭顏色相近，但花色更搶眼的隨意毯，不用時折成長條掛在床尾，就很有飯店感囉。

## 常見的床墊寢具尺寸

| | 台規 | 中國、香港、歐規或美規 | 備註 |
|---|---|---|---|
| 單人 | 床包：108x195x30 (cm)<br>被套：152x212 (cm) | 90x180 (cm) ｜ 90x190 (cm)<br>100x200 (cm) ｜ 100x210 (cm)<br>120x200 (cm) | ＊IKEA已經不是一般的歐規，而是根據市場有些差異，在台灣目前已經全面改為長200公分，寬則依據材質不同，有80、90、120、140、150、160、180、200公分的規格。 |
| 雙人 | 床包：155x195x30 (cm)<br>被套：182x212 (cm) | 150x200 (cm) ｜ 150x210 (cm)<br>160x200 (cm) ｜ 180x200 (cm)<br>180x210 (cm) | |
| 雙人加大<br>Queen size | 床包：182x186x30 (cm) | | |
| 特大<br>King size | 床包：185x216x30 (cm)<br>被套：212x242 (cm) | | |

觀點 7

# 花了一堆錢打造風格 換來的卻可能只有視覺疲勞

設計師真心獨白

執業室內設計這麼久，主持過的案子、服務過的客戶不計其數。

許多夫妻、小家庭用自己存了大半輩子的積蓄好不容易才走到這一步，在室內風格上，有些堅持打死不退讓，卻在完工後的幾年嘗到苦果。

其實室內設計風格，就好比各種時尚流行服飾，常跟著大環境風潮走，客戶們經常拿著各種室內設計書，或在平板電腦中存下百來張好看的室內圖片，要我們有樣學樣、依樣畫葫蘆，就算比例格局不合適、房子本身條件有限制，也總能八九不離十。

畢竟也是圓夢嘛，我們也總會傾盡全力達成，但我想說的是：「家是用來住的，不是用來看的」，有些場景照片的確很令人驚艷，但同樣場景植進家裡，我們可能天天一覺醒來就對臥房驚艷、走至客廳又對客廳驚艷嗎？

特別是許多人很堅持打造「鄉村風」，想在自家營造出浪漫的質感，卻沒有任何條件取捨，高價買了華麗傢具不打緊，還做了充滿鄉村味的木條天花、木雕牆、印花櫃門、叮叮噹噹的水晶吊燈，還有滿廚房浴室的花磚，忘了自己樓高有限，天花花地也花花，牆面雕樑畫棟更眼花，當然這樣的風格能讓一進門的訪客不自由主的讚嘆 seafood，但天天住在裡面，你眼睛不累，我想到都累了。

你必須要知道的是…

# 輕設計就有味道的設計思考

你所住的不是樣品屋也不是設計師的作品，而是真正的家，在預算成本限制下，更應以少即是多作為作裝潢的原則。 **圖片提供 _ 朵卡設計**

既然房子是拿來居住的，就不應該有過多制式的佈置與裝潢想像，每個家都是屋主家人美學的放大呈現，其實不需要在風格上給自己任何刻板的定位，除了講究設計美感外，實際的「功能」更是風格之外完全不能忽視的重點。

一般來說，功能與風格在室內設計中相互影響、相互制約，功能指的是生活面的實際施做，考慮的重點在於實現居住者對生活機能的需求，透過動線安排、隔間格局、傢具擺設等方式讓居住者能有便利舒適的活動空間。「風格」則是幫助「功能」的視覺呈現，風格的形成通常反應了居住者生活的文化背景、個性甚至美學素養，工程方面可以從牆面變化、照明、傢具軟裝等作搭配，不一定要靠大興土木的方式制約生活的美感。

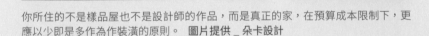

不需要為自己設定太具體的風格想像，有時幾盞燈、傢具材質等，就可以呈現生活的風格。 **圖片提供 _ 朵卡設計**

這樣做提高裝潢效能

# 找出切合所需、百看不厭的居家風格

了解風格與功能對於居家室內設計的重要影響，就必須從兩個核心中找出自己與家人的真正想法，畢竟美的標準因人而異，對於家裡的需求也各有不同，在與設計師溝通之前，家人們首先得有一致的共識，避免完工之後幾家歡樂幾家愁，或是在功能與風格間失衡，如果說裝潢後生活變得不方便、家人不開心、覺得不夠滿意，那麼都歸類為「無效裝潢」。

如何在有限的預算下達到「功能」「美感」皆備、全家人都皆大歡喜的設計呢？以下幾點務必思考：

## 1. 釐清實際的需要

家是一個人在工作之外，每天停留最久的地方，人們在此休息、放鬆獲得能量，一家人在這裡相處生活，是一個人最自在且最私密的所在，在實際裝潢之前，你得考量你的生活習慣，未來要如何運用這些空間，不需要天馬行空，只要先以六年為考量，想想未來六年中最基本、最不可缺乏的條件。

透過床組、枕頭鮮明的花色與素雅的臥房牆面，能恰到好處的中和空間屬性，創造舒適的空間。
**圖片提供 _ 朵卡設計**

## 2. 空間以人為主

很多人還沒想到怎麼住，就急著要求做收納櫃、收納空間，怕將來東西物品沒地方住，其實空間該以人為主，哪個位置光線最好、哪個地方走道容易窘迫，回歸以人為本，收納其實是附帶，也才能避免大而無用的櫃子、空置的角櫃、老是找不到東西的問題。

## 3. 用照片設定風格

我鼓勵屋主多方位的找出自己喜歡的風格照片，這些照片並不是要你有樣學樣，而是要參考、學習設計中的特色與細節，更要挑出自己「不喜歡」的風格照片，才能清楚明的的幫助自己與家人或設計師溝通時的表達！

### 居家設計考量清單

- ☑ 1. 未來6年有多少人會住？是哪些人？
- ☑ 2. 這些人未來6年會有哪些變化？有哪些特殊的生活習慣？
- ☑ 3. 全家人有哪些娛樂上的需求？收納習慣、收藏偏好為何？
- ☑ 4. 是否有需要短暫居住的親朋好友？
- ☑ 5. 屋主及家人的社交狀況與需求？
- ☑ 6. 是否有需要沿用的舊傢具？

(量好尺寸備妥照片與設計師作溝通)

# 居家混搭風格的迷思

## Q1 室內設計風格大致上分有哪些類別？每種類別各有什麼代表性的元素？

風格的設定其實是很主觀的，關於風格的定義也往往因人而異，雖然不鼓勵把家居限定在某一風格，但卻可以從了解風格元素之中找到自己家的美感與設計脈絡。

現今室內設計較為普遍的共有以下幾種分類：

現代極簡——早期的日式禪風到現在的無印風，強調空間的通透與純粹，重視光影配比。通常會簡化天地壁多餘的設計，甚至減少牆面，以少即是多的原則呈現空間感。

北歐風——同樣倡導簡約，重視材質本身的紋理，講求自然不矯柔造作的細節，同時強調採光。北歐風在居家設計中使用十分普遍，也有極簡派與自然休閒的不同分支。

工業風——工業風又稱 Loft 風，汲取自早期閣樓的英式復古靈感，演變至今則是強調開放式空間、大量運用鐵件、玻璃材質，重視復古氛圍，或以水泥、仿舊木紋、磚牆的展現粗獷隨性的懷舊風情。

美式風——由於講究傳統古典，美式風最普遍的手法就是以深紅、綠及大地色作為空間色彩基調，空間中經常運用線板，含有濃厚東方元素如黃銅、水晶燈作為重點。

鄉村風——鄉村風則混合了工業風的懷舊與美式風的古典，並更多了慵懶的氣質，傾向應用大量木頭及織品綴點，也往往因地區而出現差異化的設計，像是美式鄉村、南歐、普羅旺斯、西班牙等，十分多元。

除此之外，現今室內設計常見的還有古典風、新古典、東方風、峇里島風、地中海等等族繁不不及備載，甚至多元的風格混搭，咖啡廳、飯店旅館、選物店等，都能見到目不暇給的設計。

## Q2 沒有偏好的風格，又希望家裡能有個性化的設計，該如何取捨？

最簡單的方式，就是先逛逛傢具店，了解各種風格的傢具設計，找出自己喜歡的傢具傢飾，也能從喜歡的物件中找到自己傾向的風格脈絡，比從照片上查找更為準確。只是現今傢具店各自有著不同風格差異，多逛幾間較為客觀，最怕一開始對某些設計一見鍾情，但後頭才發現有更喜歡的。

## Q3 家人對於風格喜好不同，一個家如何混搭？

不妨嘗試「9張圖片淘汰法」，家人分頭尋找9張喜歡的風格照片，從氛圍、感覺開始找出符合自己想像的代表性照片，再從裡面挑出大家都能接受的，用圖片來協調出共識，雖然最終結果很可能使風格多元混合，但至少是全家人都能接受的樣子。

不拘泥風格，屋主以自己喜愛的有情門傢具出發，運用色彩搭配出具有個人特色的風格表現。

Case 01

# 一個屋簷下 兩種風格混搭出餘蘊綿長的生活情趣

DATA

- ＋屋主：李先生與呂小姐
- ＋所在區域／屋齡：桃園南坎／中古
- ＋坪數／格局：約35坪（不含公設）／三房二廳
- ＋裝修費用：約78萬元（含冷氣、家電）

## {個案敘述}

異類相吸，不同的兩個生命體，在一起之後就是無可避免的磨合與妥協！李先生與呂小姐在築巢的過程中，深切地感受這幾句話的意義。

水墨畫功了得、寫得一手好字的李先生深愛古玩及字畫，傾心於中國文化綿長歷史所沈澱出的豐富美感，而氣質溫婉的呂小姐，嚮往的卻是法式古典精緻優雅線條的浪漫風格。

要打造屬於兩人的小窩，得把彼此南轅北轍的品味通通搬進同一屋簷下，看似是一個艱鉅的磨合工程，卻也是創造獨特風格家的最佳條件。

在設計師的幫助下，兩人放棄說服對方屈服的意圖，採用圖片溝通法，從各自收集到的設計照片中，尋找彼此在室內空間的共通點，終於在一本英國居家品牌 Laura Ashley 的目錄裡，窺見符合理想的中西合璧居家樣貌：悠久的通商貿易和殖民歷史，使得東方元素成為英法古典風格的一部份，與中式文物和諧地共處。

西式傢具例如沙發、長方形大餐桌較符合現代居家的需求，以英式古典或鄉村風格的白色傢具為基礎，加上粉藍色沒有多餘裝飾的牆壁，給予空間開朗明亮的基調，綴以深木色及黑色為主的中式傢具和收藏擺設。

每個家都是獨一無二，一點也複製不來。

李先生與呂小姐融合了東方與西方兩種元素，創造出屬於兩人獨特的小窩，空間中沒有嚴肅的歷史考究，也沒有傷神的金壁輝煌，反而多了優雅閒適，這樣的安排，終於創造出自在安心，真正屬於兩人的家。

中西兩種風格混搭，自然交融最重要，美式沙發搭中式邊櫃，花鳥畫旁是古典油畫，在東方古玩字畫旁的唐草花鳥玻璃燈，以及東南亞殖民地風格的籐面茶几是很不錯的風格緩衝。

◀ 曲木咖啡桌椅是十九世紀就出現的款式，擺在陽光灑落的窗邊，瞬間就有了歐陸露天咖啡座的氛圍，與空間整體的具歷史感的人文氣息相呼應。

▶ 男主人特地從大陸帶回來的老窗花，成為甫進入室內讓人眼睛一亮的古典玄關屏風，歷經歲月洗禮，古意中散發含蓄內斂的美，為空間增添典雅的人文氣息。

▼ 早從十七世紀以來，就可以在中西兩方的家飾藝術品上看到彼此交流影響的痕跡，洋瓷上的唐草紋就是東風西漸的代表，直到今天依然是傳統歐式傢具家飾常見的樣式，這種混血兒最適合作為中西混搭空間中的調和元素，只要一件就有成功的混搭感。

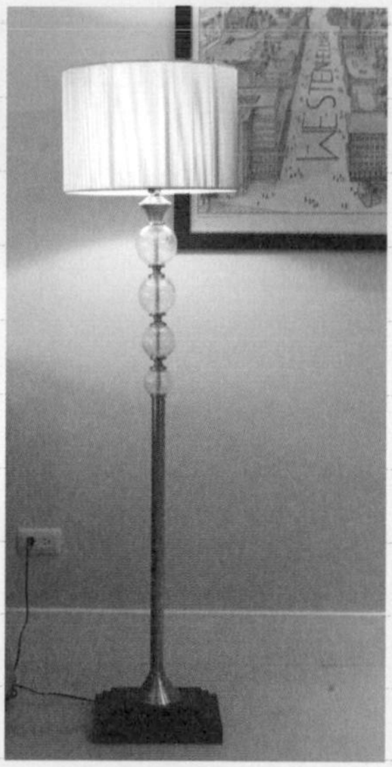

# Chapter 2

# 拒絕！低效能的收納裝潢

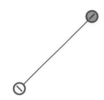

## 試著把居家設計想成選購常穿的衣服，你一定是找符合身材尺寸的款式，而不是急著挑選口袋多的釣魚用夾克。

大部分屋主剛搬進去時，對於新的居住環境都能有極高的滿意度，然而住得愈久，牢騷越來越多，滿意度也隨之下降，有些甚至悔不當初：「早知道就不要花那麼多錢做櫃子了」、「選了高機能的收納櫃結果根本用不到……」當初設想的與真實使用狀況是有差距的，滿意與否只有實際住了才知道，居家室內設計不可能百分百符合最初的理想。

與其為自己憑空想像的生活方式砸大錢裝潢，倒不如保留游刃有餘的空間，住進去之後再依需要加添，自己實際參與了設計，使用上更符合需要，滿意程度也會提高。相反的，什麼都想兼顧的加法式空間發想，往往只會規劃出無用的設計，試著把居家設計想成選購一件常穿的衣服，一定是邊試穿邊感受是否符合自己的身材尺寸及舒適，而不是急著挑選口袋多還有暗袋的釣魚用夾克，當然也不是華麗的晚宴服、或異國情調的民族服裝，有這樣的心態，未來滿意度就可能會提高。

觀點 1

# 收納與活動空間同時配置，只會有一好沒兩好？

**設計師真心獨白**

我們可以用燈光色彩，各種視覺效果騙過視覺；也有各種撇步擠出更多收納空間，至於現在人人談的減法設計，是指硬裝少點？少點裝潢就多點空間嗎？與其說減法設計是空間技法，還不如說是種生活哲學，在設計師幫你決定你家該怎麼做，怎麼隔之前，先問問自己：這個真的有必要嗎？你喜歡待在哪裡？有沒有想過真正讓自己放鬆的是什麼樣的地方？在一股腦極端利用空間，擺滿自以為讓人舒適的傢具之前，沒有想過自己的生活場景？

我接受記者C先生的採訪過後好一陣子，突然收到他的來信，告訴我他回去之後，換掉了家中傳統的三二一沙發組，改成轉角也不浪費，可以舒服躺下的組合沙發；處理掉了面對牆壁的書桌，現在都拿著筆電在餐桌上工作，住在靠近山邊郊區的他詩意描述自己的感受，「抬眼望出去，戶外的景是深的」。

我有些訝異他真的聽進去了，居然毅然決然親身用行動改變現有的居住環境，很不容易。每個人心中都有一座私人博物館，賦予收納的雜貨理解和情感。人和人相處久都免不了有感情，更何況是疏離的現代，人和東西比人和人相處更久。但是在這個買東西太簡單的時代，如果丟東西也太難，我們不就這樣一點一滴的被淹沒了嗎？

你必須要知道的是…

# 適當的偷空間，也要適當的斷捨離

不妨把客廳的置物需求集中作用電視櫃的收納，不論是層板、開放或封密的櫃體，都能讓主牆面豐富紮實，其它地方則能保持空間清爽，該收的收，不該留的適度斷捨離。 圖片提供＿朵卡設計

想要避免空間又擠收納又難用的低效裝修，就別一口氣收納做到滿、傢具買齊。新屋主生活節奏習慣尚未與新空間磨合，而人在不同時間地點、生命階段又會有不同需求，塞滿了反而是人去遷就已有的傢具。系統櫃和活動傢具都是搬進去之後可以再添的，先備好基礎品項，不用急著一次到位。

收納應以人為主，以傢具為輔。室內空間是固定的，一開始我們就只能用減法來裝修有限的空間，就等於這個公式：『固定的室內空間－收納與傢具＝人在室內活動的空間』傢具越大，雖收納越多，但相對的人活動範圍就越少；收納、傢具越雜，能表現其獨特美也越不可能，所以要有最大的室內空間，收納與傢具其實就要適用且小而精。

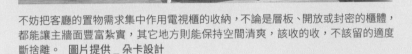

有孩童的家庭中，開放式收納好拿好找，同時能訓練孩子自動收拾的習慣，瑣碎玩具則可用符合櫃體的籐籃以一蔽之。 **圖片提供 _ 朵卡設計**

# 掌握收納要訣勝過花大錢做裝潢

## 1. 收得好比收得多更重要

一般人以為收納，是塞越多越好，其實順手的收納比多而無當好用很多。隨手一放的鑰匙，怎麼找都找不到，才發現就在眼前，那不是您老糊塗，其實是收納沒有設計。仔細思考觀察自己和家人的生活習慣，玄關應放鞋櫃、乾淨的毛巾與衛生藥品最好放在公用浴前面、浴室的附近有隱藏式的洗衣籃、家庭工作室除了書桌以外最好還有半腰櫃置放3C機器，小孩遊戲毯的旁邊有收納玩具的籐籃，這些都很順手。

## 2. 收納與斯斯都有兩種

開放與封閉。位置對的順手收納，設計成開放性的存取會更方便，但是開放性多了，方便是方便卻不容易保持整齊，所以適度的封閉式的收納還是有其必要性。封閉大部分下櫃、開放做在上櫃，也可以抽屜或籐籃代替櫃門，省

臥室收納需求不僅僅只是收納乾淨衣物，換下來還不需清洗的外衣也需要放置空間；即使是封閉式收納櫃門，不同透視程度可以更細緻分類不同的物品。

錢又好用，籐籃還可以隨時移動，更方便文件整理、玩具取拿。

### 3. 亂區遮起來就看不到啦

要保持居家整齊，允許家裡部分亂區其實是好想法。封閉式廚房、後陽台置物區、亂亂的儲藏室、甚至先生的書房是堆滿做一半的模型玩具男人窩、太太的衣務室總有正在配對的衣服，我們總會有正在進行，不可錯置事物，旁人誤以為「亂」的區域，若要那麼費力維持一個漂漂亮亮的客、餐廳，不如就簡單的隔開一扇門，將容易穿幫的亂區關上門，生活多簡單！

### 4. 厲行居家倉儲管理

物慾無限，空間有限。做生意大家都對倉儲斤斤計較，你也應該用同樣的態度面對自己辛苦掙來的每坪空間。不需要大費周章盤點列清冊，就一些簡單的原則，例如「一進一出」，買一件新衣服，就丟一件舊的，搭配斷捨離心法，過一年都沒穿半次的衣服就能丟，這樣就能有效控制「存貨」水平。

# 居家收納空間標準尺寸建議

**1. 玄關鞋櫃**

確認玄關空間的寬度和深度是否足夠。一般來說鞋櫃與大門的距離至少要取120～150公分，依大門尺寸再做調整；鞋子的尺寸通常不超過30公分，因此鞋櫃基本深度35～40公分最為適當。為了便於使用者彎腰穿鞋，穿鞋椅高度會略低於沙發高度，通常取38公分左右為佳。

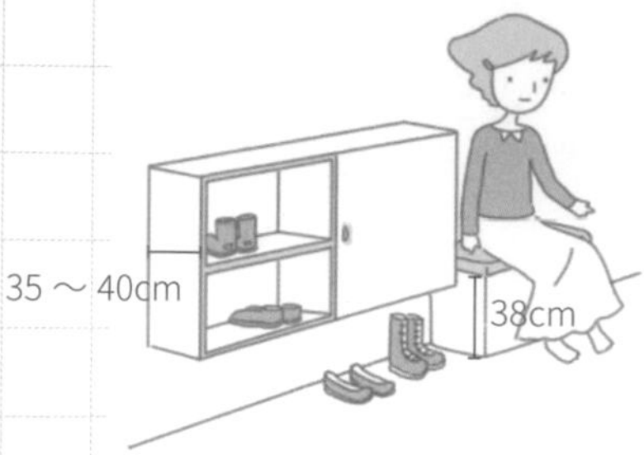


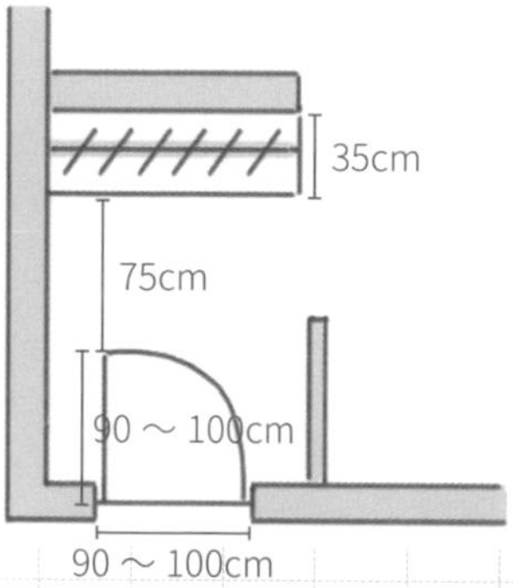


**2. 客廳視聽櫃**

視聽櫃又稱多媒體收納區，多半在電視機的下方或是側邊。除了機體本身的深度，也需考量散熱空間、電線的厚度以及未來更換的可能，因此深度多半有45～60公分。

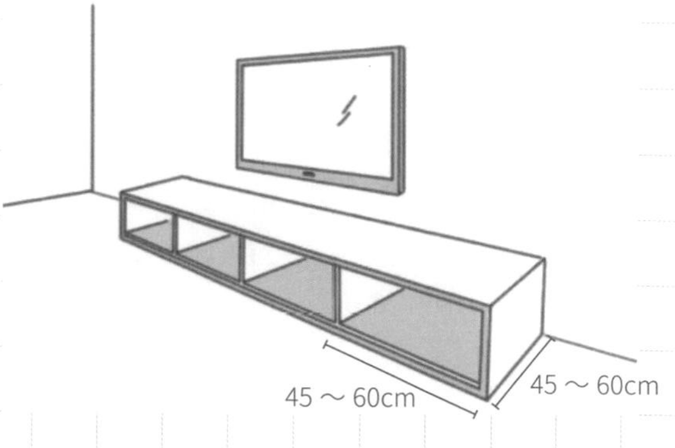


圖片提供—黃雅方

**3. 餐廳餐櫃**

餐桌、餐椅與餐櫃的空間，決定了這一區動線的舒適感，要有暢通的過道，餐桌與牆面間最少應保留70～80公分以上。

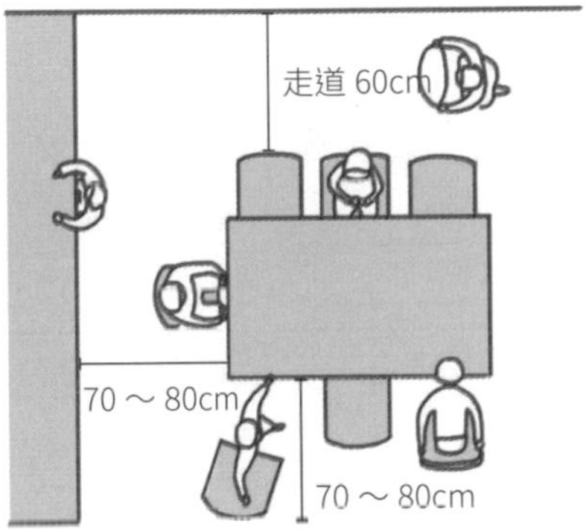


**4. 廚房工作區收納**

以160公分的人而言，70～90公分高度的流理檯都算適當的高度，廚具上方吊櫃距離檯面約60～70公分，深度45公分以下，最好拿取。

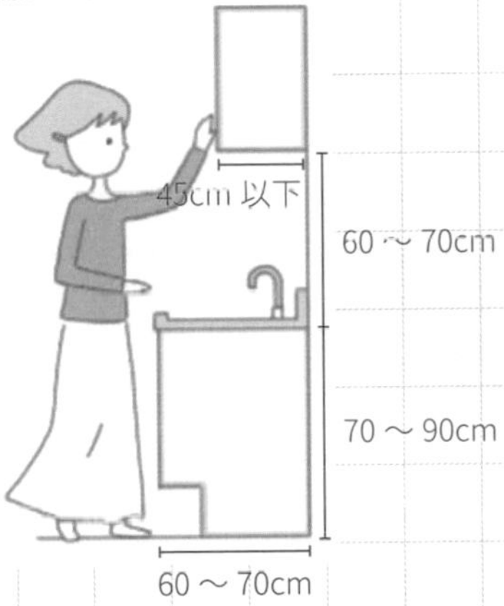


**5. 臥室衣櫃收納**

衣櫃深度比照一般成人的肩寬推算，60公分以上為最佳（含門片），開闔式門片約為40～50公分，整體衣櫃的最小寬度約在100公分，衣櫃與床需保持60～80公分最適宜行走。

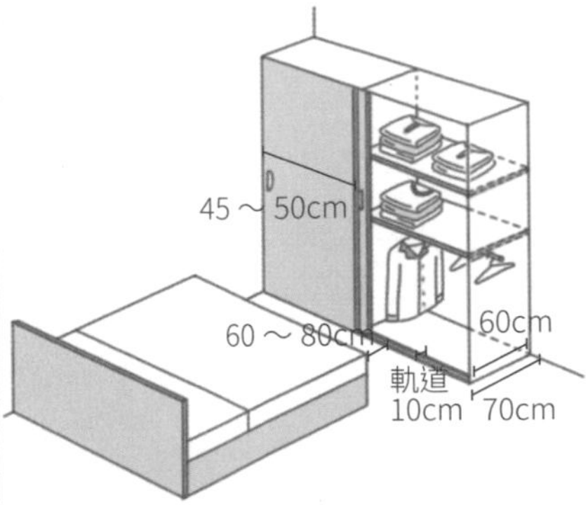


**6. 浴廁收納**

洗手檯深度通常取48～62公分、高65～80公分為最佳，洗手檯上方鏡櫃須注意深度，空間過深可能不易搆到，一般建議手碰到鏡櫃內部的深度為45～60公分之內。

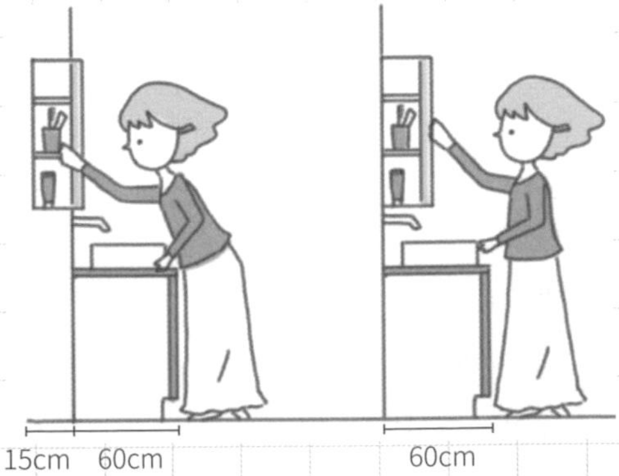

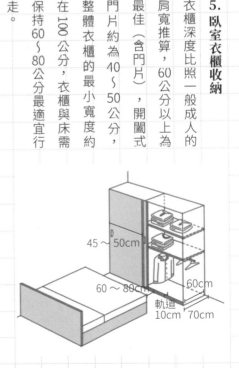

觀點 2

# 沒有充分收納機能的玄關，不如不要！

**設計師真心獨白**

好友獨居多年，父母留下的房子被他清理成幾乎空屋，空蕩蕩的客廳什麼都沒有，建議多擺個櫃子能收納外套和鞋子也不肯；婚後終於打算好好裝修成適合小家庭生活的住宅，卻固執的想在樓高三米六的挑高客廳築一道直達天花板的牆，說是要獨立玄關。溝通感覺像撞牆，我終於忍不住問了：

「你到底認為玄關是幹嘛用的啊？」

「……放鞋子、雨衣跟安全帽？所以我才想隔起來室內看不到啊！」

玄關，是客人一入門的第一印象，位於室內與室外的交接，實體上要接應剛從室外進來的混亂，又要承接起室內的秩序與美感，所以其設計不僅要考慮到實際由外而內而產生的收納需求，也須考慮更多美學的銜接；在心理上則是轉換心情，從熙攘街市或一日奔波後，進入到安適的居家生活的一個逗點，甚至還包括風水考量。特別是現在都市住宅空間都不大，玄關已經不可能僅僅只滿足特定功能，比起天馬行空或是採用理所當然的制式規劃，好好思考真正的需求，才能避免不必要的浪費。

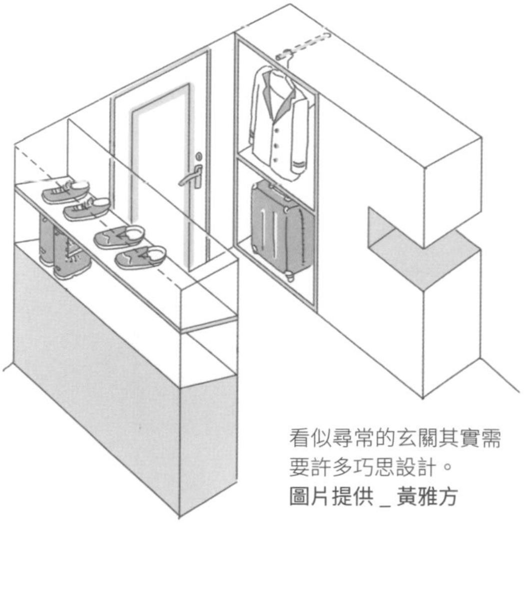

看似尋常的玄關其實需要許多巧思設計。
**圖片提供 _ 黃雅方**

你必須要知道的是…

# 有好用的玄關，不用意志力收納

不順手的收納，就得靠意志力驅動的紀律才能保持整齊；而符合你的生活習慣規劃的順手收納，不需要思考動腦記憶，自然就能讓東西在最合理的地方被取用、回歸原位。

玄關是物品會常態性被拿取放回的地方，也是主動線的起點或要衝，在考慮到風格設計或風水前，應該先照顧實際使用上的需求。寸土寸金的都市區房子，不需要為了風水硬是在門口弄了一堵了牆，也要記得體積容量大的玄關櫃不見得較好用，不成比例而影響動線屢見不鮮。

玄關不僅是由外入內的第一個重要過道，也是置放鞋子包包與外套鑰匙雜貨的重要位置，收納既要講求美感，更需抓對高度尺寸。

圖片提供＿朵卡設計

玄關除了重要的收納機能外，也兼具隱私防護阻隔的機能，一扇設計細緻的屏風不僅能讓室內隱私有遮蔽，同時也能帶出家的風格。 **圖片提供 _ 朵卡設計**

# 兼具機能與美感，打造實用玄關的三大關鍵

## 1. 鞋的相關問題一次解決

越來越多的新大樓管理規定不讓住戶將鞋櫃放在門口，玄關收納鞋子就變成天經地義的道理，如果能在這裡一次解決鞋的情事，那就再好不過了。鞋櫃其實不用深，ikea 的 TRONES 只需 18 公分就可斜放鞋，傳統橫放鞋深度至少要 35cm，若可以用活動層板加以調整或增加會更有彈性，甚至可以放的下超乎尺寸的馬靴、雨鞋；除了收納鞋的考慮，還要考慮收納擦鞋與保養鞋子的清潔用品、穿鞋的矮凳以及設置方便的鞋拔，都是貼心的好設計。

## 2. 概念式的玄關

玄關可以大張旗鼓的做，但若預算不足或空間不允許時也別擔心：一片中式窗花、一些觸覺不同的地板、一張深度較淺的半高長桌、一個中藥CD櫃、甚至是一個高度至腰的淺鞋櫃都很容易製造玄關感受，別忘了玄關最重要的哲學是一個

玄關處的照明不需要多美的設計，簡單的嵌燈或一盞檯燈，就足以發揮功效，為家裡帶來人氣。 圖片提供＿朵卡設計

暫留的暗示、一種節制的優雅、在進入廳堂之前的稍歇，它可以稍小，因為這裡的縮小相對的客廳才會放大，有時甚至將玄關天花板漆上較深的顏色對比進入客廳較淺的天花板，客廳自然的就會變得又高又大了，有時我們甚至不用做什麼，只用燈光、顏色、材質的暗示，讓人稍作停留，等待心情的轉換。

### 3. 留一盞燈在玄關

喜歡在玄關留一盞檯燈或是作獨立照明，一回家順手就能把暗暗的房子打亮。不是那種像辦公室的大明大亮，而是那種明滅光影間營造的輕鬆氛圍，反而容易營造寧靜與溫馨的居家氣氛。留一盞暖暖的玄關桌燈給晚歸的家人，提醒著這個家有人在關心著他；燈光下可以擺置物盤，隨手放上零錢包、剛開門的鑰匙、剛收到未整理的信件，更是方便至極。

# 別掉入玄關設計的迷思

## 1（X）大家都在玄關處穿脫鞋子，所以玄關櫃就是專用來收納鞋子的櫃體。

玄關位於房子的出入口，人們在這裡穿脫取放的東西，絕對不止鞋子，更包括了衣帽及包包等，也需要有更多元的收納設計。

### 衣帽&包包的收納

過去東方人沒有在門口穿脫衣帽的習慣，因此衣帽櫃常被忽略的玄關設計，其實回家隨手擺的包包、每天必穿的制服外套，反正明天還要穿戴出去，為什麼還要脫放在臥室的衣櫃內汙染乾淨衣服？待明天再把包包、夾克從玄關櫃取出，既不慌亂又有效率，訪客來時物有所歸，宴畢回家時，輕鬆的打開衣帽櫃，不會忘東忘西，還會稱讚主人的貼心設計呢！

鏡子提醒您在出門前整裝儀容

### 全身鏡、半身鏡

玄關的位置放鏡子，一來可以在出門前整裝儀容，二來因為玄關大部分都較狹小，所以放鏡子有其放大空間的效果，但也有許多人不愛擺鏡子，怕角度不對自己嚇到自己，提醒您至少有一個地方可以擺鏡子，那就是門後，台灣的門大部分向內開，自然在門後會產生一個用不到的空牆面，這個地方放鏡子洽恰好。

各式鑰匙、手機等小物

過去只有需要放放鑰匙零錢，現在更多人把手機充電器一起整合在玄關，甚至有幼稚園孩子的家庭，手帕襪子也乾脆放在玄關櫃，不用擔心忘了帶。

### 各式雜貨

當然，如果更細膩的分析屋主的需求，可能還會需要傘架、高爾夫球具收納，或是信件傳單紙品的收納等等，這些細節都是源於日常需求，也往往因人而異，雖非主體，但其位置與尺寸卻都需事先規劃定位，如此才能創造有效率的玄關收納空間。

## 2 （X）鞋子多的人最好就是頂天立地的收納櫃。

有人不只永遠缺一件衣服，也永遠缺一雙鞋，玄關狹小的空間，只進不出的鞋子氾濫成災。為了收納做得到高大，不但產生壓迫感，不在順手拿取區域的東西，只會漸漸被遺忘。所以如果鞋子真的很多，分季節把鞋子收藏在更衣室內或者儲藏室內，玄關有限的鞋櫃只擺常穿的，放在第二線的鞋子可以置放在鞋盒內，將鞋子拍照貼在鞋盒上，這樣堆起來一目了然，就不會在宴會前翻箱倒櫃，才找到搭配的鞋子。

## 3 （X）鞋子容易有味道，最好做密閉式櫃體。

沒有什麼比密不透風更容易長壞菌病媒了，這也是鞋子產生味道的主因，因此鞋櫃一定要注意通風機能，不論是側開通氣孔或格柵、百葉門都是常見的鞋櫃設計。而乾淨的室內鞋最好能與戶外鞋分開放置，避免受到污染。

## 4 （X）鞋子本身有高有低，鞋櫃也要量身訂做各種不同高低收納。

好用的鞋櫃深度不會超過35公分，一個面只放一排深的鞋，因為深度如果放兩排不容易找到鞋，每層鞋格的高度盡量不要超過15公分高。現在鞋款多樣複雜，鞋格的高度固定已經不可能應付一般人的需求，用活動層板加以調整或增加會更有彈性。

超精省！裝潢講堂 07

# 不可不知的玄關風水

好心的親朋好友瞄過你的平面圖，指著你的新家平面圖，拉高聲貝像發現新大陸般的嘶吼：「你家大門一開就正對廁所，沒有玄關，怎麼聚財？錢一進來就流出去了！」

對了，風水怎麼辦，玄觀的設置要是不是也要考慮風水呢？的確，有些房子大門原一打開，就可以直視客廳，正所謂風水學談的不能「聚氣」，在這裡設計屏障，可以化解大門正對客廳的衝突，也可以於空間相接的交會點陳設玄關櫃，在兼顧收納機能之餘，還作出了空間與空間的轉折，正確的格局布置應要符合生活動線為前提，在不干擾正常生活為前提下，盡量符合自然環境依心理需求。

當然空間流通、採光明亮是最基本的要求，若能符合以上條件，風水應也差不到哪裡，若是本末倒置，不考慮人的因素而一切以風水為考量，想必住起來也不順手、更不會順心了。

相信『穿堂煞』與否因人而異，若空間較小，要在入門口做實體封閉式的玄關容易有壓迫感，但若是要穿透、輕巧、收納又足的玄關並不難：落地窗花、或木隔柵都可以避開風水上的疑慮、另類思考也可以在大門相對的窗做遮蔽或窗簾，也可以移動門窗位置，使門不對窗。實體玄關雖然可免，但玄關收納一點也省不了。

## 兼顧風水與收納的玄關設計

### 1. 大門的大小比例

風水學理中大門主事業，強調「屋大門大、屋小門小」的原則，這與居家裝潢的原則不謀而合，大門是屋內外進出的鎖鑰，只有與室內樓高、面積符合比例原則、不顯突兀的配置最切合生活需要。

### 2. 玄關的大小比例

玄關代表著男主的事業與財運，玄關過道「過狹、太寬皆不利」，就如同大門比例原則的概念，玄關也不是愈寬闊愈好，也不能因為收納而做得過於窄小，需要依空間作適當的配置。

透過櫃側深度可為無玄關的格局作出入門緩衝避免風水煞氣，也更多了收納鞋子的空間。

圖片提供 _ 朵卡設計

### 3. 保持玄關空間的清爽

玄關在風水上來說是藏風納氣之處，如果沒有良好的動線及收納，不僅讓出入帶來不便，鞋子包包的擺放也可能亂了整體視覺，在風水學理上認為這將不利於財運。

然而依生活習慣而言，出入不通暢、玄關藏污納垢不但有失門面，也不方便，想想看，要出門了才一時找不到想穿的鞋子、找不到鑰匙多麻煩啊！

### 4. 入門小巧思創造內外緩衝

對於小坪數的房子或刻意因風格想打造開放格局，在這些空間限制下，許多時候並不一定能在大門設計「玄關」，正如前面所說，對於室內裝潢而言，玄關可以沒有，但不能少了收納；在風水來說沒有玄關就是犯了「穿堂煞」更是不宜！

我們建議可在入門處運用櫃體深度創造阻隔效果，或是運用造型窗格、屏風等隔開大門與其他門或窗對穿的問題，不論對於風水或實際生活需求都能得到妥善的解決。

觀點 3

# 把書放進收納櫃，這是史上最大的浪費！

放物品的是物品櫃、放書的是書櫃，把書放在尺寸不合的櫃體裡，就是最大的浪費。
**圖片提供＿黃雅方**

## 設計師真心獨白

年輕的室內設計師小J，為了第一個住家作品，特地在網路上精挑細選，找了有名的攝影師來拍照。採光良好的屋子，搭上乾淨清爽的無印風，拍起來就跟日本設計雜誌一樣有質感。

小J告訴我，屋主夫妻有很大量藏書，也有一套家傳的老音響，收藏不少黑膠唱片和卡帶，所以他在客廳規劃了一整面的書牆。我看著有如無印良品傢具型錄般的照片，忍不住問了：

「你不是說他們搬進去才拍的嗎？那些書咧？」

「噢，拍的時候拿下來了，只有一些拿紙包起來，這樣看起來比較乾淨。」

沈默了幾秒，想著怎麼跟他解釋我的錯愕。

室內裝潢的最高境界，是做出人文質感，好設計師賦予作品人文氣息，否則就是俗麗；其中最高效的、最簡單的方式，就是透過書本。誠品運用書牆加燈光，成為東亞區域人文風格書店的翹楚；北投大地酒店以書為主角，運用空間光影創造近乎殿堂般的氣質；無印風極度簡潔的線條和低調的色彩，是展現個人特色最佳的背景。我可以理解攝影師想要追求畫面乾淨，這種清場也是很尋常，只是可惜了這麼一對涵養深厚的屋主，白白浪費自然呈現設計與人文生活真實結合的機會，那麼多人還得特地買假書收納盒、自己也不認得的老唱片裝氣質，是真文青就應該大方秀啊！

你必須要知道的是…

## 省空間又省錢的藏書原則

會想把書收到櫃門後的，除了是書的收藏家，大概都是藏書不多也不常看的人，如此可以先檢討是不是有必要留著那些書，如果是帶有時效性、工具性書籍，可考慮清理掉，現在大部分資訊和娛樂都來自網路，手指一滑就能獲取讓你眼花撩亂的資訊，把空間留給對自己更有意義的收藏。有些書帶有時代意義或是隨時想起才會拿起來讀，那麼可以分門別類收藏在壁櫃中。至於藏書真的多到一個程度的人，就別企圖全部堆在「書房」這樣單獨的小空間，只會讓壓迫感更重。

將書置於上半櫃便於查找，下半櫃則可以密閉式櫃門作其它收納。 圖片提供_朵卡設計

這樣做提高裝潢效能

## 找出切合所需、百看不厭的居家風格

有買書閱讀習慣的人家，書的成長速度是很驚人的，永遠都該留有讓新書進來的空間，不可避免的就得有書的新陳代謝。除了有特殊感情或其他理由收藏的書，其他可分成兩類：故事小說類書，看完只要你知道不會想再看第二遍，或是一兩年（自己設個時間）沒碰，就可以直接賣掉；非小說、知識性書，只要網路上找得到的知識就不需要留實體書，或是有不少趨勢書、商管類書、技術書都是有時效性的，可能過不了一年這些內容就過時換新版了，當然看完了就可以轉手。你的大學課本早就不知道更幾版去了，現在就是只是昂貴的一塊磚頭罷了。其它書本收納的還有下列幾招：

### 1. 多功能開放櫃最適合收納書籍

書櫃的深度雖然標準尺寸(25-28 公分)，但書的高度大大小小，很難有個統一的規格，要效率的把這些書不同高度的書籍收納好，可以用可調式層板來因應不同尺寸書籍，若是

少了背板的櫃體，能讓空間看來更穿透，有放大的視覺效果。
**圖片提供 _ 朵卡設計**

木工做的，那就請他多打幾個洞，若是系統做的，系統櫃在工廠就會打出成排鑽洞，提供層板的活動擺放，如果深到 30 公分處，也可以拿來擺放其他展示品或是置物盒，空間更靈活使用。

## 2. 複合式的書櫃，自己家就是圖書館

把整個客餐廳公共空間都變成書屋，如此一來整面書櫃是在家裡最大的空間，較不會緊迫，甚至在樑柱下做書櫃，還可模糊樑柱的存在感。若您試著看看 IKEA 的目錄，不難發現他們的目錄裡大面書牆大部分都設在客廳，所謂的書房僅是家庭工作室（Home Office）而已，除了一些需要隨手拿取的工具書，不是主要的藏書點。

## 3. 櫃背鏤空的設計，創造時尚感

書櫃不做背板，能一眼望見壁面顏色，不僅減低整面牆無趣的統一感，也強化視覺層次，增加景深，一方面好看，空間看起來更大，另一方面也因為少用材料，可以降低整體造價。

# 居家書籍收納潛規則

## Q1 書的種類繁多，要如何量身打造合適的櫃體？

有些置物收納櫃深度60甚至75公分，放書之後多出了大塊空間，另外擺東西又會增加凌亂感，對於書的拿取也容易有搆不著的問題，櫃體深度需配合書籍大小，才能充份發揮書櫃空間。一般來說，櫃體尺寸深度45公分已可收納較大型的雜誌，而35公分深的櫃體屬於書櫃標準規格。漫畫櫃通常取25公分的深度。

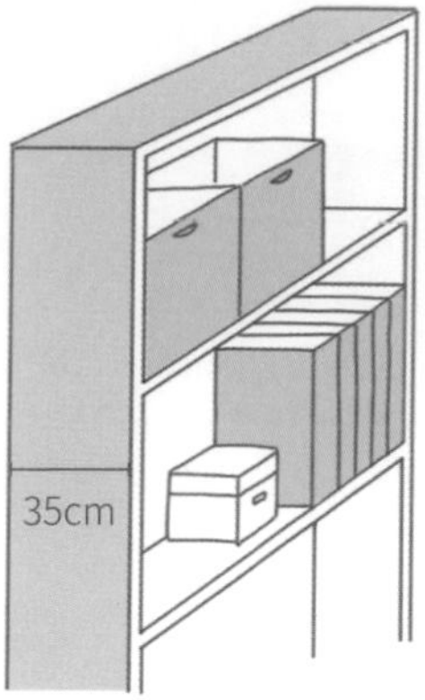


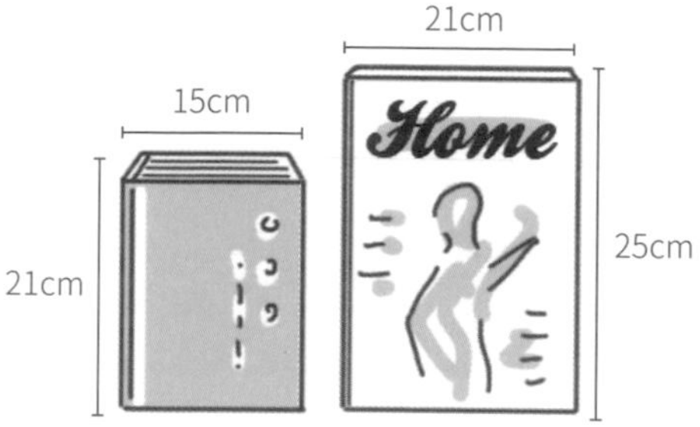


## Q2 開放式書櫃要如何有效清理？

有閱讀習慣的人，需要書籍隨手可得，呈現一種人文與完全的書店感，這是有門的書櫃無法比擬。想知道開放書櫃怎麼清，看專業就知道。圖書館跟書店都是用靜電除塵撣或除塵抹布，就不用擔心清潔時四處揚塵。

## Q3 有小朋友的家庭如何安排書櫃擺放？

一般書櫃通常會設計成上方開放，下方封閉置物，但是在有小學或學齡前兒童的家庭，可以參考公共兒童閱覽室的設計，鋪上地毯，讓孩子可以在上面遊戲閱讀，這時為了好拿取，可以讓採用相反的下開放上封閉的櫃體設計，或是乾脆全開放，配合收納盒使用。

## Q4
### 家中藏書林林總總，常常找不到要的那一本該怎麼辦？

書其實不用集中放置，配合多功能書櫃，可以依據不同內容放在最需要被使用到的地方：食譜或飲食相關書籍可擺在靠近餐廳廚房的層架上，廁所門口有個放雜誌或休閒讀物的地方，便於翻閱；最心愛的小說放在臥室，不著痕跡的在家裡擴散書香。

## Q5
### 如何佈置出如大型書店──金石堂、誠品一樣的文青風格？

不是只能直立書背朝外擺而已，橫著疊起來還有書擋功能，你可以偷學書店的展示法，把喜愛的或封面好看的書封面朝外展示在其他書前方，打上聚光燈，就算當初買再怎麼貴，你家看起來也會很誠品。

小房子或書櫃設在動線旁，26 公分至 30 公分深的櫃體，通常就可滿足大部分的需求。
圖片提供 _ 朵卡設計

觀點 4

# 不可或缺 or 多此一舉？櫃體裡的小金屬

轉角櫃彷彿使家裡最畸零的角落重生，但你確定這切合你的需要嗎？
圖片提供＿黃雅方

## 設計師真心獨白

網友K先生的新家規劃了L型廚房，工程師出身，個性又一絲不苟，他非常介意轉角空間可能無法充分利用，一看到廚具公司介紹「轉角小怪物」（轉角拉籃），連動滑軌設計直直戳在工程人的點上，雖然當時不鏽鋼製的要價快要九千塊，K先生還是毅然決定安裝。

希望家中收納空間最大化的人，大概都很抗拒這種看起來好像很厲害的機關，留言詢問的人不少，在新裝設的新鮮感逐漸消磨後，過了一年多又有人留言，很好奇小怪物到底好不好用，收到K先生遲疑的回應：「其實……我也不知道耶？」原來，搬進去之後，廚房最常用的鍋具耗材其實都放在靠近瓦斯爐的下櫃，家裡其他東西的收納其實也都安排在使用區域附近，其實沒有那麼需要這塊收納空間，結果轉角櫃只放了人家送的閒置餐具等雞肋般存在物品。「我們家使用頻率不高，老實說沒什麼感覺。」

事實上轉角幾乎當位於空間角落、不順手的位置，就算裝了號稱讓你方便拿取的五金也不會提升使用率，轉盤式的收納更是在方形的櫃體裡裝上圓形的五金，想當然不可能密合，通常五金跟櫃體之間還有一段間距，收納量肯定大減，何必要多花五六千塊，甚至上萬買個使用效益低落的東西呢？

你必須要知道的是…

## 看起來聰明但很可能掉進低效地雷

五金都是關鍵的必要部件，系統櫃光鉸鏈就可以佔到價格的五分之一，而簡單的鉸鏈與複雜的機關相比，價格更是天差地遠，而且大家往往都會忘記五金是會壞的，結構越複雜，壞了越難修，因此常用的五金要避免使用這種東西，例如高度90公分以上到240公分以下的儲藏空間，不建議用拍門（拍拍手）；為了節省、或是運用畸零空間而選用的特殊五金，其實是最浪費空間的選擇，例如系統櫃的轉角轉盤或鞋櫃，與廚具的小怪物，看似方便拿取，卻會犧牲20%～25%，甚至更多的收納空間，承重也不高，故障維修更換零件都不容易，除非真的很需要或會時常使用，否則不建議裝設。

五金常在居家收納櫃體中出現，像是櫃體高度過高的衣櫃，有了升降五金，就能充分運用高處空間作收納。
**圖片提供 _ 朵卡設計**



# 搞懂五金就不怕白撩錢

在這邊所指的五金，不是一般巷口五金行的家庭五金，而是裝潢五金，泛指在裝修現場會用到的，作為組合、連接和移動、開闔用的金屬零件，通常用在門板或櫥櫃，例如門片鉸鏈、抽屜滑軌等等，具有下列的重點。

## 1. 五金是損耗品

請在心中默念三次。因此在選擇五金時，一定要考慮使用頻率與維修更換的成本和方便程度。

## 2. 五金要適材適所

常用五金，例如常開的櫃門、房門鉸鏈，抽屜滑軌儘量選用構造簡單的，不容易壞，壞了也好更換。常用部位的構造簡單五金也不要迷信名牌，標榜使用 30 萬次通常用不到那麼多，德國產與國產差異其實不大，但價格可能差好幾倍。

浴室櫃體中五金能提升收納效能，
但要當心潮濕造成的金屬鏽蝕。
**攝影 _ 劉士誠**

### 3. 錢要花在刀口上

如果真的要用構造複雜的五金，又是分段又是緩衝，上掀氣壓杆或是平移滑門等等，那麼選擇有完整維修保固服務的名廠牌就會比較有保障。

### 4. 注意五金承重

承重是常被忽略的要點，小小的五金其實必須負擔整個門片的重量，或是整籃的物品。最常發生超過 50 公分寬的櫃門下垂，還有大滑門的輪子被壓壞，廠商也不一定會留意，規劃時應該避免這樣的設計。

### 5. 櫥櫃處在廚房潮濕

煙薰火燎的環境中，選擇五金配件須應能經受住考驗，不容易腐蝕、生銹、損壞是首要考量。

### 6. 五金最怕刮傷

尤其不銹鋼製品，因此，清潔時，只要以抹布擦拭即可，不要用菜瓜布或銳利物品清洗，以免刮傷表面。清潔時勿用酸鹼液清洗：除非有特別標明，否則不要使用強酸、強鹼的清潔劑刷洗五金。

# 選購櫥櫃五金的心法

一款好的櫥櫃除了板材之外，五金用具也佔有很大一部分，如果五金不好用，板材再好也沒用。那麼五金到底該怎麼看呢？

## 鉸鏈

擔負著連接櫃體和門板的重要責任，在平時櫥櫃使用中，考驗最多的就是鉸鏈。所以，也是櫥櫃最重要的五金件之一。

選購時要注意2點：

**1. 材質：**大品牌的櫥櫃五金件幾乎都使用冷軋鋼，一次衝壓成型，手感厚實，表面光滑。而且，由於表面鍍層厚，所以不易生銹，結實耐用、承重能力強。而劣質鉸鏈一般是薄鐵皮焊制而成，幾乎沒有回彈力，用的時間稍長便會失去彈性，導致櫥櫃門關不嚴實，甚至開裂。

**2. 手感：**優劣不同的鉸鏈使用手感不同，品質過硬的鉸鏈在開啟櫃門時力道比較柔和。劣質鉸鏈的使用壽命短，且容易脫落，如櫃門、吊櫃掉下來，多是由於鉸鏈品質不過關引起。

## 滑軌

抽屜滑軌的材料、原理、結構、工藝等千差萬別，優質滑軌阻力小、壽命長，抽屜順滑。

選購時要注意：

**1. 鋼材：**抽屜能承重多少，主要看軌道的鋼材好不好，不同規格的抽屜鋼材厚度不同，承重也不同。選購時可以將抽屜拉出，用手在上面稍稍用力壓一下，看看是否會鬆動、哐哐響或翻轉。

**2. 材料：**滑輪的材質決定抽屜滑動時的舒適度。塑膠滑輪、鋼珠、耐磨尼龍是最常見的三種滑輪材料，其中耐磨尼龍為上品，滑動時，安靜無聲。看滑輪的好壞，可以用一個手指將抽屜推拉，應該毫無澀感，沒有噪音。

### 壓力裝置

櫥櫃五金配件中，除了滑軌、與之密切相關的抽屜、鉸鏈之外，還有許多氣壓及液壓裝置類的五金件。這些配件是適應不斷發展變化的櫥櫃設計方式而產生的，主要用於翻板式上開門和垂直升降門。有的裝置有三點，甚至更多點的制動位置，也稱為「隨意停」。安裝了壓力裝置的櫥櫃，省力安靜，很適合高齡老人家使用。但要注意的是，壓力裝置雖然很好，但價格較貴。

## 櫃體收納五金評比

| 適用空間 | 類型 | 特色 | 使用壽命 | 價格帶 |
|---|---|---|---|---|
| 餐廚、衣櫃底櫃、書房 | 拉籃、側拉籃、抽屜 | 抽拉式設計，操作時省力 | 確保使用 10 萬次以上 | NT.1,000 元起。分國產與進口品牌而有極大價差。 |
| 廚房 | 電動式升降吊櫃 | 以電動式設計，來進行吊櫃空間的收納分類，適用於　動不便的長者使用。 | 約使用 5 萬次。 | NT.20,000 元。分國產與進口品牌而有極大價 |
| 廚房 | 機械升降吊櫃 | 與電動升降櫃的設計有異曲同工之妙，但在停電時仍可繼續使用。 | 約使用 10 萬次 NT.6,000 元起（深度 30 公分者）。 | 分國產與進口品牌而有極大價差。 |
| 廚房、衣櫃、浴廁空間 | 轉角小怪物 | 為連動式拉籃，輕巧帶出隱藏於轉角空間的物品，收納容量較大。 | 約 10 萬次使用 NT.5,000 元起（100 公分寬者）。 | |
| 廚房、梳妝檯、浴廁空間 | 轉角轉盤 | 包括旋弧式轉盤、3/4 或半圓盤設計、分層獨立使用，收納容量較淺。 | 約 10 萬次使用旋弧式轉盤 NT.10,000 元起、3/4 轉盤轉盤 NT.5,000 元起、半圓盤 NT.5,000 元起。 | |

觀點 5

# 回歸務實的原點 別砸大錢訂製高檔系統櫃

## 設計師真心獨白

H小姐是做足準備、很好溝通的客戶，在預算不高的情況下，想要將不到20坪的小宅做到理想的風格，收納又要充足，她理所當然的和大部分屋主一樣，選擇用系統櫃打造衣櫃和書櫃等家中主要收納空間。在安排動線、燈光，選擇好牆壁和櫃體顏色之後，嚮往日式昭和懷舊風格的H小姐，不禁嘆了口氣：

「唉，系統櫃真的很醜耶……」

老實說，我深有同感，不論坊間廠商的行銷說詞如何粉飾，就是無法改變系統櫃看起來就是一個個貼皮塑合板組成的木箱的事實。系統櫃本來就不是居家使用的傢具，60年代第一組系統傢具在美國出現，完全是為了滿足辦公室中固定尺寸櫃體的大量需求所設計，就在影集「廣告狂人（Mad Men）」的年代，因應蓬勃的商業活動開發出利用空間最大化、提升生產力的辦公傢具，後來因為製造快速及組裝成本低廉而受到歡迎，美感和個性從來就不是系統傢具的特徵，直到現在歐美依然幾乎只有在辦公室看得到；而人口密集，居住空間狹小的開發中國家引進作為居家使用傢具，也是因為同樣的理由普及起來。

不過隨著人們生活素質的提升，愈來愈多人懂得從傢具中作些細微變化，系統櫃也不再只是平板的收納工具，但對於要求較高，美感水平的追求較高的屋主來說，即使花了高昂的訂製費用在系統櫃上動手腳，也依舊無法達到單品傢具的美感層級。既然如此，就不該強求系統櫃作為視覺風格的主角，別忘了，它存在的目的是為了讓空間得到最大化地利用，「功能」才是系統櫃的使命，運用得好可以使生活舒適，也是視覺上稱職的綠葉，主角的工作，就給其他有型的家飾家具擔綱吧！

順便一提，很多裝潢菜鳥常問我什麼是系統傢具，系統傢具就是工廠將常用到的傢具櫃體以模組化的方式量產，因此有固定使用的材質尺寸甚至造型花色，好處是價格便宜，隨著產業發展愈來愈成熟，品項也愈來愈多選擇，不怕找不到你想要的尺寸。唯獨在材質與風格上仍是系統傢具難以突破的瓶頸，如果你想追尋藝術的極致美感，或喜愛師傅手感什麼的，只能期待未來有木作師傅機器人為你精心打造了。

你必須要知道的是…

## 實用與濫用一線間的系統櫃

系統櫃發明的目的就是強化空間的應用，各種尺寸量化生產，可以透過拼組堆疊讓橫樑下、柱子之間的空間每寸都不浪費，但是缺點就是不管貼什麼皮，看起來還是一個程度上的呆板，因此除非家裡有圖書館般的書籍量，或博物館級的藝術館藏，得用櫃子填滿每個空間以便分門別類的收納。但如果是自己家裡，有點自己的風格或輕鬆氛圍是重要的，是不是每處都要用到系統櫃就得好好思索，就算家裡東西很多也不建議一次就把櫃子做好做滿，如果不是急需，還是可保留彈性，日後使用才能調整，更何況系統櫃的其中一項好處是不需現場製作，入住後依舊能添裝，實在不必急在一時。

# 系統櫃體聰明運用術

隨著現代人講求快速、實用、高效的裝潢要求下，系統櫃的特質剛好能滿足荷包不深的現代小家庭，只要運用得宜就能以小錢打造出美滿幸福的生活環境，但運用得不好也可能砸了大錢卻把家弄得像倉庫，以下是你該注意的眉角。

## 1. 做系統櫃不一定要找名牌

事實上櫃子本身不貴，設計也不複雜，貴在五金及管銷成本，看看這些公司打的廣告，也難怪綠的、歐德、三商美福等大品牌價格會比其他二、三線品牌貴好幾倍。

五金品牌可以自己選，板材也可以。找二三線品牌還是能選一流板材，同樣由歐洲進口，進裸材在台灣貼皮的板子，比起歐洲貼皮的原裝進口板便宜20%~25%，材料和機器都是歐洲進口，板材在施工、使用上都沒什麼差異。

## 2. 五金雖好卻不一定耐用

很多屋主在櫃子時總愛指定在裡頭增加各種抽屜拉籃，雖說工錢不貴又物美價廉，但抽屜拉籃都附有五金，有一定的使用年限，環境太潮濕的還容易生鏽老化，其實用半透明PP櫃取代拉籃抽屜不僅經濟實惠，也能保留收納空間的彈性應用，系統櫃或木作櫃裡只作吊桿，抽屜部分使用PP櫃，半透明的櫃深好處是裡面放什麼都很清楚，而MUJI還有深度55公分的款式，擺進60公分的衣櫃裡剛剛好，容量比五金抽屜大，一點空間也不浪費。

## 3. 櫃體尺寸差一點就差很多

系統櫃雖然可以隨意訂製，但必須掌握尺寸，有的時候只差幾公分都不行，在決定之前得先清楚了解所有尺寸大小，充分模擬好櫃體大小在家裡的使用狀況，判斷拿取動線是否順暢。

## 系統櫃尺寸一覽表

| | 關鍵尺寸 | 說明 |
|---|---|---|
| 書櫃 | 深度 26-30 公分 | 一般系統廠商都會做 30 公分，其實 26 公分就能裝得下一般書籍，空間有限時可以計較一下。 |
| 鞋櫃 | 深度 35-40 公分 | 鞋櫃的尺寸其實可以因鞋子的擺放方向有許多不同變化，而鞋子樣式多樣，設計時千萬不要只依照標準規格，差一兩公分放不進去真的很痛苦，最好考慮自己鞋子的長度及高度。 |
| 電器櫃 | 深度 45-50 公分 | 電器櫃其實不需要很深，微波爐及烤箱的門可以突出櫃框外，不影響使用。 |
| 頂天高櫃 | 下櫃 90-110 公分<br>中櫃 90-160 公分<br>上櫃 160 ～天花板 | 頂天收納櫃設計上可以開放與封閉交錯，下櫃使用門片，收納不常用的東西；中間 90 ～ 160 公分的區域是人眼平視區域，也是最順手的位置，採開放收納；160 公分以上可使用門片櫃，收納少用的東西。 |
| 衣櫃 | 床尾距離牆壁達 120 公分 | 也就是床長 200 公分 + 走道 60 公分 + 櫃深 60 公分。只有這個距離衣櫃才能放床尾，否則衣櫃就得擺在其他位置。 |

常見櫃身高度還能略分三種，高度影響空間感最大，必須注意擺放位置：

★ 91-85 公分：壓迫感最低，也是一般站立時工作檯面的高度。

★ 145-150 公分：雙向開放可以作為隔間櫃，否則還是造成不小的視覺切割及壓迫效果。

★ 150-200 公分：建議靠牆擺放最佳。

### 4. 特殊空間的收納免了吧

除非你的地方真的很小必須完全掌握寸土寸金，不然像是地板、天花板的空間，真的就可以減少作收納櫃。有些人還用氣壓杆、緩衝鉸鏈等等五金在上下空間弄了很多機關，但這些區域終究拿取不便，使用率自然低，久了裡面的東西就會被遺忘。

### 5. 系統櫃裡的小空間活用密技

**形式**—可採用無背板式的開放櫃，背牆與端景牆同選冷色系明度的漆色，聚光燈打光製造景深。小空間若想提升坪效，可採取沿牆面的垂直收納櫃體，但不靠牆的櫃子則不可做高。

**門片**—瘦高窄的門片形狀，有拉高空間的效果；如果太深，做成抽屜或用容易拖拉出來的盒子收納。

**顏色**—門片適合選擇橡木色這類較淡的顏色，少用深色，想用深色可以門片和櫃身不同顏色作跳色效果。系統櫃可搭配明度高的單品傢具，使其在視覺上跳出，也是一種製造空間景深的方法。

開放式的櫃體有展示機能，可放在位置較高的地方；有櫃門的櫃體可以遮住雜亂，適合放在較低位置。 **圖片提供 _ 朵卡設計**

## IKEA 傢具聰明應用更划算

來自瑞典的 IKEA 傢具價格親民、外形討喜，向來深受民眾喜愛，在包羅萬象的品項中大致可分為兩種：一種是單品傢具，一種是包括系統櫃在內的可連續延伸的傢具。IKEA 的系統例如電視櫃 BESTA 或衣櫃系統 PAX 是可以跟一般的系統結合，廚具門片也可以單買，比起一般系統傢具風格表現好很多，可以有三種方式使用 IKEA 的連續性傢具：

1. **IKEA 櫃體＋一般系統延伸：** 例如 PAX 最高 236 公分，樓高 270 公分，可以用一般系統將上方做滿，爭取超過三十公分高的收納空間。也有人用同樣的手法由系統包著 MUJI 的櫃子，如果你真的很喜歡這個風格，可以這樣做，但是不見得較便宜。

2. **一般系統櫃身＋ IKEA 櫃門：** 系統櫃門其實不是由幫你規劃施工的廠商製作，而是向專業的門片廠商購買，既然如此，何不用 IKEA 門片，特別是歐式或美式鄉村風格，更便宜質感也更好。只是這麼做就必須以櫃就門，櫃體尺寸必須配合門片尺寸，得確定系統廠商願意配合。

3. **其他連續性傢具：** 便宜百搭的 BILLY 書櫃系列、美式鄉村風的 LIATORP 和傳統歐式線條的 HEMNES 系列等，還有最常見的開放隔間櫃 KALLAX，IVAR 層架等，雖然不是系統櫃，都是可以一件接著一件擺一整牆，新成屋大可以直接這樣用，搭配單品傢具，不貴又有好風格。

IKEA 櫃門與櫃身都具有高度應用彈性，可以隨心所欲作各種搭配，花小錢創造北歐小宅。 **圖片提供 _IKEA**

# 關於系統櫃不可忽略的重要細節

## Q1 為什麼有些櫃體用久了會膨脹變形，要如何延長使用期限？

正常使用下，合格板材製成的系統櫃櫃體其實不會有膨脹變形的問題，通常看到櫃體變形是大賣場或傳統傢具行賣的俗稱「甘蔗板」的密集板傢具，沒有良好的膠合品質或板材封邊，一開始還好好的，如果環境潮濕溫暖，最快一年最慢三年就會陸續走樣，例如 IKEA 的櫃子常有靠牆面不封邊的情況，一到台灣這種溫濕的環境就不行了。一般系統櫃正常使用其實只需要用一般除塵、清水擦拭就好，不需使用任何清潔劑，有些長輩用舊觀念清潔系統櫃和五金，使用各種清潔劑，反而損壞櫃子。想要延長使用期限，不如一分錢一分貨，選購時就注意材質，選購後定期作除濕、清潔維護，才能確實增長使用期限。

### 系統櫃損壞狀況排行

| | | |
|---|---|---|
| TOP1. | 五金損壞 | 滑門滾輪都是消耗品，採用時應該考慮是否有滾輪替換的售後服務。此外，不佳的五金會有生鏽氧化的問題，除了注意保養外，一開始就要選擇耐久抗鏽蝕的材質可以省更多。 |
| TOP2. | 膨脹變形 | 塑化板、甘蔗板材質常因為木作手作封邊貼皮時處理不完善，濕氣跑進去木材中造成膨脹變形。 |
| TOP3. | 層板彎曲 | 超過 60 公分長度的層板如果下方沒有足夠的支撐力，承載重量有限，如果負荷過重，中央部分久而久之就易產生彎曲，最佳解決方式就是中央出增加 L 型片支撐，避免中間懸空下垂。 |

## Q2 該作無門的開放櫃好，還是有門片的？各有什麼優缺點？

櫃體最主要就是有門片的封閉櫃形式，和無櫃門的開放形式，而封閉式門片依不同的開關方式還有進一步的區分。同一空間中全開放或全封閉都不是理想的收納櫃擺設，可以因應習慣作兩種櫃體的切換，重點是創造順手收納的環境。

## a. 開放櫃與封閉櫃比較

| | 開放櫃 | 封閉櫃 |
|---|---|---|
| 價格 | **較低**<br>可只有櫃框，無背板價格更低。 | **較高**<br>含門片、五金，造型、樣式及品牌會有極高的價差。 |
| 視覺效果 | **風格表現：**無背板＋選色背牆<br>**優點：**增加室內景深，且可作為展示櫃<br>**缺點：**做太多容易雜亂，需要時常整理 | **風格表現：**風格門片<br>**優點：**乾淨整齊，將亂面完全遮住<br>**缺點：**做太多、太高容易造成壓迫感 |
| 順手度 | **較高**<br>全都看得到，收取都方便。配合籃子、盒子、活動抽屜可以解決雜亂問題及瑣碎小物收納需求，還能選擇可標示容器，也能顧及風格，事實上會比櫃門好用。 | **較低**<br>什麼都被櫃門遮起來，很容易遺忘裡面有什麼東西，耗材用品重複買的情形很普遍。工具耗材收在使用地點附近就會順手許多，例如衛生紙、沐浴備品收在浴室或靠近浴室的地方。 |
| 活動空間 | 不影響動線，適合設置於主動線沿線 | 直推櫃門打開人會往後退，走道空間要預留較多，否則人就容易卡在那邊，交通頻繁處不要做門片或做滑門 |
| 適用情形 | 可展示或時常需要拿取使用的東西，<br>ex. 書櫃、唱片櫃、展示櫃、亂區內（儲藏室或封閉式廚房） | 小物、雜物、不常用的東西擺在一起看起來容易雜亂的東西，怕灰塵髒污的東西<br>ex. 一般儲物櫃，衣櫃 |

## b. 橫拉門與直推門比較

| | 橫拉門（滑門） | 直推門（開門） |
|---|---|---|
| 價格 | 較高 | 較低 |
| 保養 | 五金承受門的重量易壞難換。日式木滑門會因熱脹冷縮變形，必須木工刨整門片軌道 | 五金較簡單，需注意門片大小不可超過 50 公分，否則也會有五金承重過重的問題 |
| 使用情形 | 只能看到一半的櫃內容物 | 開門除了門片空間，使用人需退步，才能瀏覽內容物 |
| 適用情形 | 開門活動空間不夠桌子直接貼著櫃子放（如餐邊櫃）時 | 一般使用不擋動線的區域 |

## Q3 小孩長得很快，要怎麼設計能彈性變化的收納空間？

孩子成長階段區分為四個時期，可以依不同時期的需求作變化，由於小朋友的活動更是直覺，收納順手度更為重要，因此基本原則是開放櫃要多，看得到才用得到，彈性也較大。

### ● 0~3歲嬰幼兒：以家長順手的收納最重要

寶寶們還沒有自己的需求，所有的收納基本上都是幫助父母照顧孩子，因次此時收納設計上應該與家中其他區域考量類似。

### ● 三歲到學齡前：教育收納習慣養成時期

孩子開始會到處活動、玩玩具，就應該開始養成收納習慣，三歲前就開始也可以。父母沒有紀律不會收納，不要怪小孩不會收，小孩子都是活在當下，看得到才想到，不順手就學不會，不論你怎麼念都沒用。

**a.思考孩子的活動範圍及收納方式**—不要被媒體或樣品屋溫馨充滿童趣的遊戲室迷惑，想要在不大的空間特地佈置遊戲房。事實上家是一個活的個體，空間裡的動態也跟著孩子一起成長改變，不要特意分隔大人與小孩的空間，奢侈又低效。

**b.設定暫存區：**造成雜亂的原因通常是沒有及時歸位，不要說小孩了，有時候對大人來說也不容易，匆忙之際就是會有來不及收、懶得想要收哪的時候。家中20%的收納空間不要定位，作為容許混亂的暫存區，暫存區滿了就該收了，這樣可以保持家中其他區域的整潔。

**c.開放式收納：**小孩子對任何東西幾乎都是看得到才會用得到，因此給孩子專用的收納空間儘量採開放式收納，如果開始有自己的房間，衣櫃也可採開放式加窗簾／門簾取代門片。許多小朋友對衣櫃有恐懼想像，沒門片就沒事了。

**d.選用不怕髒、耐操耐磨的家具：**貼可畫材質的牆面門片，例如黑白板漆、烤漆玻璃，或是可耐清潔劑的美耐皿貼皮，讓孩子的創意可以完全發揮。

●學齡期至青少年：增加可活動區域

開始上學之後，自己出入房子的頻率不下於大人，因此玄關可以將孩子的收納需求一起列入，例如可以放帽子跟躲避球，不用強迫收在房間；有些家庭甚至手帕衛生紙和襪子都放在玄關。

●青少年：滿足隱私需求適當改裝櫃體

進入青少年時期，開始有了隱私需求，原本用窗簾遮蔽的衣櫃，如果需要可以加裝門片；兒童傢具的衣櫃深50公分，除非吊掛房寬很寬的衣服，其實大人用起來也還綽綽有餘，不需要替換。

## Q4 比起整個換掉，木作櫃換門片來改變居家風格可以更省嗎？

木作櫃若是油漆批土噴漆，或是實木貼皮，都可以重新上漆改色，有些塑料貼皮也可以。換門片當然也是好方法，但注意木作沒有規格化的尺寸，可能必須訂做，價格不一定便宜到哪去。

## Q5 在有限的預算下，怎樣搭配收納櫃最經濟實惠？

減少抽屜，改用籃子。採用開放櫃是最省五金、門片的方式，但開放櫃一多容易亂，還是多少需要封閉櫃，所以從最造價最貴的抽屜下手。個個居家賣場都有許多籃子的選擇；籃子不要放太深，依據放置位置，放越高越淺，放越低越深。

開放式的櫃體有展示機能，可放在位置較高的地方；有櫃門的櫃體可以遮住雜亂，適合放在較低位置。

**圖片提供 _ 朵卡設計**

Case 02

# 精打細算，小窩也有無限大空間

〔個案敘述〕

任職於銀行貸款部門的陳先生和陳太太，買下精挑細選的新房後，小夫妻實在擠不出多少預算裝修，加上坪數小，有了孩子打算直接換屋，因此決定以簡單輕裝修的方式打造新房。即使如此，幾乎沒有設計師能夠在百萬預算範圍內達成他們的夢想，自己發包成了最佳執行方案。

省錢不表示得犧牲品質，而是只做可得到最高效益的工程。兩人小窩不需要太多隔間，將小兩房打通成可容納整面衣櫥的臥室；新成屋屋況良好，木作就能少做，只有為了遮蔽冷氣管線，而在廚房及走道裝設天花板，客餐廳用牆到牆的軌道燈，就足以勝任全室照明；樑柱之間順勢規劃白色系統櫃收納，就不會顯得擁擠壓迫，加上輕盈的牆色，質感良好的淺色木地板，整體空間呈現開朗又溫馨的氛圍。

到了真正將房子轉變成家的裝飾階段，陳太太卻十分抗拒掛畫。或許因為舊家環境繁雜，她打定主意新房就是要像咖啡店一樣乾淨清爽，然而即使是咖啡店，也會節制的、技巧性的裝飾，才能顯現出品味和個性。最後陳太太妥協，同意在沙發後掛上IKEA PREMIÄR系列的「林間光影」，大尺寸，深景深的圖像，畫心光線與外在光線自然結合，似乎能走進畫裡，使得客廳空間延伸，看起來更寬敞，親友好評及媒體報導讓她終於寬了心，寫信前來道謝：「還好當初沒有堅持己見」。

**DATA**

- **屋主：**陳先生和陳太太
- **所在區域／屋齡：**台北萬華／4年
- **坪數／格局：**約18坪（不含公設）／二房二廳
- **裝修費用：**約55萬元（含冷氣、廚具等設備）

在面積受限的小坪數空間中，簡單軌道燈就足以勝任全家照明。
**圖片提供 _ 朵卡設計**

客廳前陽台夠大，屋主也喜歡種花蒔草，鋪上了南方松（一坪 $7500 含工帶料），更容易表現庭園風格。
**圖片提供 _ 朵卡設計**

邊櫃英文 buffet table，顧名思義是類似輕食吧能讓你自取飲料點心，以及餐具紙巾的地方，用系統櫃可以規劃成天到地的多功能收納空間：下封閉櫃 81cm，中間開放櫃高 60-65 公分，可放咖啡機、麵包機、熱水瓶；上面一般設計開放櫃或裝玻璃門片。
圖片提供 _ 朵卡設計

◀ 客變退掉原本的廚具，重新規劃。流理臺水槽高於爐具的設計符合人體工學，位於的走道的中島主要功能是補充廚房不足的收納和工作空間，並且提供區隔效果，規劃較高的 115 公分檯面，可以遮住廚房內流理臺亂面。
**圖片提供 _ 朵卡設計**

▼ 臥房兩窗中間有很大的凹陷空間，適合作為儲物櫃，櫃門拉門開門搞不定，乾脆窗簾軌道不中斷一路裝過去，不用做櫃門窗簾蓋起來就好。
**圖片提供 _ 朵卡設計**

Chapter 3

# 拒絕！低效能的收納軟裝

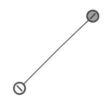

# 放心吧！
# 傢具自己會來找你

常有不少業主和我抱怨，不知道該怎麼挑傢具，要嘛怎麼找都找不到覺得喜歡的，不然就是猶豫久了愈來愈無感。而模稜兩可硬著頭皮選購來的，最後往往愈看愈不順眼、愈用愈不滿意，但花錢買了又捨不得丟、捨不得換，最後就得面對滿屋子既不喜歡也不會珍惜的傢具……。俗話說：「寧缺勿濫」，選物、買物、惜物、愛物，傢具軟裝雖然沒有溫度，但卻像在家中與你長久相伴的家人，前提是你得擇你所愛、愛你所選，有了感情，也才買得值得。那真的都看不到喜歡的該怎麼辦？別急嘛！選物不僅靠感覺更靠緣分，多給自己、給空間一些思考，傢具自己會來找你！

觀點
1

# 說真的，你家需要窗簾嗎？

## 設計師真心獨白

曾經遇過一對夫妻打算在台北東區巷子開間咖啡屋，地點找好了、裝潢也都談妥了，卻在最後窗簾的選擇上發生衝突，面對小店裡一整片大落地窗，加上預算早就在東減西扣之下所剩無幾，兩人都擔心這個決定要是做錯了，不僅店內風格大受影響，還很可能「白撩錢」，於是各自堅持。

我則坐在店內一隅，窗外一片車水馬龍，深深羨慕這間咖啡小店在寸土寸金的地段裡，竟能擁有都會百萬窗景，如果是景觀第一排，最遠的住戶都瞄不到、又不西曬，那請告訴我，有一定要裝窗簾的必要性嗎？有的時候，好的設計如同人生法則一般，應該用「減法」來思維，少了窗簾之後，光透的玻璃下讓店內都能時時享受著自然光與都會街景，店外路人也能遠遠感受店內悠閒的咖啡氛圍，不僅少了清理窗簾的麻煩，還能為小店帶來更高的客流量，請告訴我，有必要花那麼多錢糾結窗簾的問題嗎？

而同樣的思考搬進家裡，臨窗設置的窗簾，在居家裝潢中可說是存在感低的軟件，但種類、式樣包羅萬象，選擇性也多得目不暇給，大家對於窗簾常常直接掉進選擇題，要裝什麼樣型式的窗簾？要怎麼挑？多少錢？卻忘了問問自己，是否有裝窗簾的必要性。

有的客人直接告訴我：「因為大家都有裝，現在哪家哪戶家裡沒窗簾吶！」這正走入低效裝潢地雷，最典型的迷思。每個家的需求各自不同，成本預算的考量也各有比重，需要的地方就多下點預算、可有可無的地方則視現況儘可能精省，有進有退、精準適切的考量，不僅是裝潢的心法，也是經營人生的法則。

你必須要知道的是⋯

# 依據需求選擇，才能找到你的真命窗簾

如果想要避免花大錢做用不到的裝潢，那麼我們就得先思考對窗簾的必要性在哪裡，有的家裡有西曬，就要選擇有阻隔強光、抗UV機能的窗簾；如果想調節光亮，可以選百葉簾；考慮隱私、透光、隔熱問題之後，問題就容易釐清，也能更清楚自己需要怎樣的窗簾，當然如果你家樓層較高、少噪音、少光害，本身座向沒有西曬問題，那麼保留大片窗景給自己比什麼都划算。

此外，窗簾的取捨可以儘早決定，請木工師傅進行包樑、釘天花板時預留安裝窗簾的空間：直立對開簾單軌需要12公分、雙軌則是18公分，橫簾如羅馬簾、百葉簾、捲簾等都為12公分，當然也可以不作窗簾盒減少視覺負擔。至於該挑什麼款式、著重怎樣的機能，這些問題都可以擺在居家裝潢的後段，不妨花時間在新房子裡，觀察光影在室內一天的變化，判斷這個空間需要怎樣的調節，自然就能找到最適切的答案。

風格清爽素淨的窗簾可使空間更顯輕盈，但如果沒有西晒、隱私等問題，甚至連窗簾的預算都可省下！
**圖片提供＿朵卡設計**

**不妨從以下A、B兩個角度評估窗簾與家的需要性。**

A、5個重點評估你對窗簾的迫切需要

□ 1. 窗戶有太陽直射影響室內溫度
□ 2. 與鄰棟間隔較近，室內隱私全都露
□ 3. 室內需要有窗簾襯托風格
□ 4. 室內需要窗簾界定空間創造氛圍
□ 5. 對光源極敏感

B、5個重點評估你其實不需要窗簾

□ 1. 坐擁景觀第一線，隱私問題不大
□ 2. 容易對塵蟎過敏，或沒有時間太多清潔維護
□ 3. 陽台已有窗戶
□ 4. 大窗朝南或朝北
□ 5. 想要精省，不想在窗簾上花太多錢

窗簾種類繁多，得先作好功課了解窗簾優缺點才能挑選出最適合自己的款式。 圖片提供 _ 朵卡設計

# 分析結果

## A>B

### 為自己挑一套最適切的窗簾軟件吧！

不論房子或家人，窗戶的阻隔機能對你們來說相當重要，那麼就需要深入了解窗簾種類與機能以及預算，並依據室內風格選擇最適合的窗簾。

## A<B

### 其實不需要窗簾，可省下預算

並不是家裡有窗戶就一定需要窗簾，最重要的隱私和陽光直射不存在時，就可以考量省下窗簾的預算，有時簡單的窗貼、霧面玻璃窗等，亦能取光不取景，創造出風格與隔出空間的機能。

## A=B

### 需要全家人一起討論，或採取折衷方案

要與不要雙邊拔河時，就需要有折衷的替代方案，像是從種類中挑選線條簡單樸實的窗簾類型，簡化清潔維護的功夫；家若常被日照，隔熱貼紙是個另類窗簾的好選擇，最新高透光貼紙不僅做到透明無色，隔熱抗 UV 之餘不影響採光和景觀，而且無金屬電鍍層，不怕潮濕邊緣氧化變黑、也不干擾手機收訊，連 7-11 也都採用。多看多比較，挑選 CP 值高的產品等，自然能有兩全其美的結果。

# 常見居家窗簾困惑解答

## Q1 窗簾的價格通常是怎麼算出來的？

窗簾的價格通常包括四部分：布料、車工、五金軌道和安裝費用。通常布料成本是價格中最主要的部分，也是價差最混亂的一環，布料以「碼」計算，各個經銷商、供應商利潤不盡相同，大部分會以品牌、進口／台製／陸製而有不同的價格差。

車工費用則以布幅數計，市場價格落差不大，而羅馬簾因車工較為繁複，工錢以「才」（1台尺X1台尺）計算。軌道種類繁多，以尺計價，除了選擇品牌外，要留意售後服務，是否有包管後續維修、調整。至於安裝費用依工程的複雜程度各有不同，有些因保固年期長，會連工帶料報價。

## Q2 窗簾如何做到高效遮光隔熱？

過去普遍使用內面銀色的防光布材，可光線阻隔率高達97%，但材質較硬、使用久了銀色塗料易剝落，且不能水洗，雖然價格經濟但並不適用於家居。

想確實遮光隔熱，可選用「三明治」窗簾布，分為表布、消光紗、底布三層，遮光率高且花色選擇多元，兼顧機能與美觀。挑選遮光布料時可將布料對著手機光源作參考，比較其透光程度，如果連一丁點微光也無法忍受，那麼仍可在背面加上銀色防光布強化效果。

## Q3

### 窗簾形式種類繁多，可以在哪些地方省到錢？

**1. 以功能需求作為出發點，不使用窗簾最省錢。**

**2. 以單軌取代雙軌：**許多設計師愛用雙軌式窗傳統窗簾，一層帶有花色、一層為半透窗紗，增加窗簾的層次，同時能調節光源，感覺上一舉數得，但卻無形中消耗了成本，其實窗紗與窗簾能掛在同隻軌道上，既省錢也省下了空間。

**3. 台製布料代替進口布：**窗簾布材以進口及台製為最大宗，進口布料又以西班牙、法、德、美等歐美國家，鄰近的日本、韓為主，不論懸垂性、色澤、設計等常優於台製，但價格也相對較高，如果想省錢則可選擇台製素面材質，更經濟實惠。

**4. 不做窗簾盒：**窗簾盒存在的最大意義，便是其遮住了窗簾上端複雜的結構，傳統直簾上方常是繁複的J型、Y型或M型車工，捲簾上端則有捲軸，有時天花板已作了間接照明或裝飾，窗簾盒反而是畫蛇添足。

單軌複層的窗簾彷彿光線魔術師，既可調節亮度又能保有風格，重點是價格相對低廉。
圖片提供 _ 朵卡設計

## 窗簾種類盤點

| | 種類 | 優點 | 缺點 | 特殊提醒 |
|---|---|---|---|---|
| 上下式窗簾<br>橫簾 | 風琴簾<br>捲簾<br>羅馬簾<br>調光簾<br>百葉窗 | 1. 不佔空間<br>2. 可局部調節光線<br>3. 清潔方式簡易<br>4. 整體呈現較俐落簡潔 | 1. 不適用於面積過大的窗戶或落地窗<br>2. 拆洗、更換不易<br>3. 升降五金易損毀老化、保養較麻煩<br>4. 易因風切產生噪音或變形 | ●需注意拉繩的安全性<br>●挑選時需考慮五金材質用料，不好的五金容易有鏽蝕、費力、不耐用等問題。 |
| 左右式窗簾<br>直簾 | 傳統百摺簾<br>波浪簾<br>直立簾<br>片簾 | 1. 式樣柔和<br>2. 布料選擇多，可隨心所欲作變換<br>3. 雙層簾有極高的阻光效果 | 1. 拆洗費工耗時<br>2. 較占空間<br>3. 布料材質易吸附異味<br>4. 長期曝晒在紫外線下易褪色。 | 傳統窗簾布料需慎選，挑選時也要注意是否有甲醛殘留，易帶有刺鼻異味 |
| 隔熱膜 | | 1. 式樣極簡<br>2. 易清潔<br>3. 使用年限長<br>4. 隔熱抗紫外線功能佳<br>5. 能保護窗體玻璃。 | 1. 遮蔽性低<br>2. 有色隔熱膜會影響景觀與採光 | |

一般來說窗簾的型式可分成左右開的直簾類、上下開的橫簾類，通常大面積的落地窗多用直簾；下方有臥榻、沙發或傢具的半窗，則適合橫簾如百葉等作調光使用。

## 窗簾挑選&安裝的重點

關於窗簾的選擇除了前文所說明的，從需求面判斷外，選擇窗簾時也有幾個不可不知的挑選重點。

### 1. 在自然光線下選料

一般賣場中展示現成的窗簾樣式花色，所呈現出的往往是賣場大量照明之下的效果，不一定代表家中有室外光之下的景象，因此挑選時需把相關條件考量進去，如果不是買現成產品，可請窗簾場商上門服務、丈量尺寸並以現場光線進行布料式樣、顏色的搭配，有實際比對選擇可以更精準。

### 2. Over size 的窗簾顯大器

客廳窗型不大又不是落地窗，並不表示窗簾布只能用一小片，因為布料若只掛在壁面的部分地方（僅窗面），看起來實在不夠大方，這樣不僅讓空間覺得混亂，視覺效果也很差，這時不妨將窗簾布直接做到地面，拉高長度的同時，也簡化了牆面線條，無形中拉大了空間視野。此外，不一定有窗的地方才掛窗簾，窗簾可也可以作為畸零區域的遮掩物，或是淩亂空間的障眼魔法。

### 3. 素面形式最百搭

各種窗簾其實有著各自的風情，優雅的羅馬簾、舒適的百葉簾、極簡片簾等，不需要繁複的花色，就能呈現很好的視覺效果，更何況還有著室外窗景，因此窗簾的花色形式其實愈低調愈百搭耐看，因此素面之下再依房子整體景觀選擇同色或對比色的窗簾色彩，通常就是最實惠不出錯的選擇。若偏好有各種花色的，那麼大空間適合搭配大塊圖騰或較大花型的式樣，小房間或鄉村風擇適合小花型或碎花，左右對開式的窗簾則要注意兩邊拉攏時花型得要對得上。

### 4. 色彩搭配的心法

窗簾的顏色要能呼應室內大面積呈現的色調，無論是相近色或對比色，都很適合，但得與牆面色有所區隔，才能呈現立面的層次感。例如房間裝潢、傢具若呈現出大量原木色調，窗簾顏色就不能選擇太深沉。晚上窗簾拉攏時，室內照明的色調也要與燈光有所協調，如偏黃的光帶，窗簾顏色就不宜太深，如果為日光燈，窗簾色就不宜過淡。

觀點 2

# 真的不是喜新厭舊！跟著感覺買只會買來後悔

## 設計師真心獨白

每次逛街散步，屢屢經過傢具店櫥窗，看到裡頭經過用心陳列出的家居角落，內心總有無限想像：「啊～這套沙發好美，如果能搬進我家就好了！」「這角落就是我夢想中的居家景像，家裡照這樣擺設就對了！」然而花了大錢刷了卡買下了自己朝思暮想的傢具後，好像當初的那股「Feeling」不見了，特別是長時間使用的沙發椅子類，坐沒多久對外型無感不說，還懷疑當初是不是買得太淺或太深，姿勢怎麼喬都不好坐……

傢具不像衣服，買回去發現不合穿之後可以再退換，特別是大型傢具一開始買進來都有「蜜月期」——頭三個月喜歡得不得了，但時間一長那種不適合的感覺會在使用時日日夜夜侵蝕著內心，想退貨根本不可能，有點經濟基礎的可能沒多久就開始物色新傢具，但那也只會掉入另一個惡性循環；口袋沒那麼深的可能就咬著牙忍耐，或是減少使用；不論哪種方式，買錯了傢俱不僅白撩錢，更是一種自我虐待啊！

除非你能像傢具店一樣擺對聚光燈、做好室內照明計畫，不然想要把傢具店複製到家裡，根本是天方夜譚。
**圖片提供＿朵卡設計**

你必須要知道的是…

# 選傢具，別讓眼睛矇蔽了心

為什麼傢具買回家沒多久就不喜歡了？這存在著一個技術性問題，首先是環境問題，試想高級百貨與大賣場若賣相同的東西，但是在不同的燈光之下，創造出的質感卻有天壤之別，關鍵就在聚光效果，就像主播們少不了對著臉蛋打上的頻果光，光亮感就像是高明的隱形化妝術，能增艷色彩、加強立體效果，自然能營造傢具的質感，也誘發著大家大方買單，一旦沒有了聚光效果：青菜不綠、鑽石不亮、主播皮膚不透，再高檔的傢具也平淡無味。

想要把傢具店角落搬進家裡，你得連照明細節都要注意，簡單來說光源可以擴散在45°~60°中的led燈，都可以當聚光用照明，最常用的有led AR111、led mr16，5瓦到15瓦中，燈光美、氣氛佳同時省電，一舉數得。

然而另一方面需要思考的是，你都是如何挑選傢具的？用眼睛看還是親身體驗？從型錄上圖片上看是一回事，有沒有現場看到又是另一回事，很多時候網路上看看大家評價、比一比價就決定，以為省時省力又划算，但少了實際體驗，幾乎就是把自己的錢放在低效裝潢的風險中。

傢具要有多元用途才可以適應各種變化；方便移動的椅子可以是沙發邊几，可以在空間功能改變時，做到恰如其分的變化。 **圖片提供 _ 朵卡設計**

這樣做提高裝潢效能

# 買傢具起手無回的關鍵心法

就算是自己一見鍾情，或是早就魂牽夢縈的傢具品項，沒有經過以下幾個環節的試驗，你就是有可能吃大虧！

**1. 搞定尺寸：**

連買衣服都要了解自己的肩寬、三圍了，買傢具更要懂得抓尺寸，很多人從平面圖上照比例簡單算出了家裡的尺寸，就很酷的去選傢具，感覺上只要不超過位置範圍就算合用，但得注意的是，傢具是立體的而人是活的，你得實際感受尺寸動線！我們鼓勵大家回到家的現場，再把喜歡的傢具尺寸以膠帶訂出位置大小，實際模擬一下有了傢具的空間，會不會太擠、動線順不順，在此能馬上得知。

**2. 預留動線：**

很多人喜歡做滿做好，但傢具可別什麼都做滿，因為你還要預留一些空間給動線和走道啊！特別是客廳、餐廳的傢具尤其重要：

**客廳**—沙發、茶几的總長最好不要超過沙發牆的90%；客廳深度若沒超過 400 公分，避免使用高背沙發。

傢具是立體的而人是活的，再美的傢具如果尺寸不合、使用上不夠舒服，再怎麼漂亮都算白撩錢。
圖片提供 _ 朵卡設計

**餐廳**—靠牆式的餐桌其三邊最好留下 70 公分作為走道，也可一邊寬一邊窄，一邊為 50 公分，另一邊 90 公分作為主要動線。

### 3. 試用試坐：

別只用眼睛看，認真試用之後再決定比什麼都重要，沙發得試著坐看看體驗軟硬彈性及斜度、深度；餐桌椅、書桌椅也得搭配好後坐看看桌椅之間的高低是否合適；床更要貨躺三家，而且以上種種體驗，都要試不只一次，你可以天天繞去傢具店試坐試躺感受，畢竟傢具可不是玩具，你日後天天都得和它們相處，你絕對要用些心思找真愛。

### 4. 寧缺勿濫：

傢具會是日後與你時時刻刻有關的物品，床只要不舒服就別想好好睡；沙發不好坐任憑你有百萬視聽設備你也如坐針氈；燈光過亮過暗都可能讓你頭昏眼花，健康亮紅燈啊！買傢具不需要急在一時，一點一點慢慢買慢慢添，讓家裡三不五時就有新面貌保持新鮮感，更何況讓荷包有點喘息的空間，累積財力，好傢具是留給準備好的人。

# 居家適切軟裝的迷思

## Q1 荷包有限下如何精準選傢具？

傢具可分成兩類：可移動的（如桌椅、茶几沙發與燈等）、不可移動的（各式櫃體、固定式收納等），如果在金錢有限的考量之下，可移動的傢具能隨著你日後換房繼續使用，顯然比固定式更有價值，就算價格貴，也能確保它長期的使用率，雖然金錢在傢具上的比重因人而異，但可移動傢具絕對比固定傢具來得更值得。

## Q2 傢具挑選有何順序？

傢具可說是室內空間中的靈魂，風格常是連動的，如果沒有照著順序來，只怕錯一髮誤全身，不論是尺寸不合或風格不統一，都會造成莫大遺憾。挑選購買傢具，建議從餐桌開始，決定了餐桌風格，餐椅也就不難挑，上方照明的款式與位置就能順帶確定。其它傢具建議是由大至小作選取，例如主要沙發、床架，先行決定後茶几、梳妝檯、床頭櫃也就不難找了。

## Q3 購買傢具有哪些划算的方法？

傢具特賣最能拿到比原價更低廉的價格，不過通常可遇不可求，通常可分為自有店特賣或傢具展，以農曆年前特賣頻率最多，知名連鎖傢具店如Hola、B&Q也會推出幾檔特價期，而IKEA通常在每年8月（新品推出前）出清特賣，部分絕版品甚至五折起跳；有些傢具店有會員制，特價活動會針對會員居多也只有會員會收到各種特價訊息。

## Q4 購買傢具有哪些管道？優缺點比較

| 購買媒介 | 優點 | 缺點 | 備註 |
| --- | --- | --- | --- |
| FB、web 網路 | ● 能快速比較瀏覽<br>● 方便比價<br>● 減少舟車勞頓 | ● 易和實際有出入<br>● 難以判定材質<br>● 真假難辨<br>● 退換不易 | 多看評價、多方打聽，避免吃虧。 |
| 連鎖傢具賣場 | ● 有信譽保證<br>● 後續服務完善<br>● 價格較無空間 | 實木傢具由於木材紋路天然，有時在賣場選定的，不一定完全等於送到你家的。 | |
| 大型傢具博覽會 | ● 能撿到出清價<br>● 一次飽覽多家廠商貨品<br>● 現場優惠折扣多 | ● 購買陷阱多<br>● 當天較難以長時間試坐<br>● 品質不能掌控 | 可先Google了解品牌，知名度較低的傢具品牌須慎選。 |
| 設計師推薦、網友推薦 | ● 有人掛保證品質較安心<br>● 能找到稀有的設計師品項<br>● 價格不一定便宜 | 別人經驗不等於自己，仍需多看多體驗 | |

## Q5 木質傢具如何挑選？實木與貼皮傢具有哪些差異？

實木傢具顧名思義為全實木製成，但價格昂貴且不易保存，比較普遍的是「半實木」的傢具，例如門片、桌板、扶手等使用實木，其它則選用成本相對低廉的木材或合成板材貼木皮，其實許多半實木傢具的製作設計都在水準之上，質感、耐用度都不差，也可以是經濟實惠的選擇。

如何辨明實木貼皮？基本上仍是一分價錢一分貨，以板材來說木芯板和合板強度是較好的，價格上也大於密集板材，表面貼皮的用料也與價格連動，材質較厚的實木皮板最貴，也最有質感。另外也可從板材的角觀察，三個斷面的交接處如果紋路對得上，多半為實木，貼皮傢具就算貼得再美，也看得出拼接痕跡。

## Q6 如何延長沙發的使用期限？

### 定時打捶維持彈性

沙發的填充物除了海綿，不少是人造棉或羽絨，海綿壓扁了難回復，但後兩者其實和枕頭棉被一樣，硬了扁了都可以捶打一番恢復彈性。布面沙發也可以定時拆開布套將裡襯墊子翻面，靠背處，特別是頭部的地方也很常扁，如果是可拆式的靠墊也要翻面。

### 灰塵，看不到不代表不存在

建議布沙發要每周都要用吸塵器（以床鋪布料用吸頭）吸一次。雖然肉眼不容易看見，布料還是會積灰塵，除了有引起過敏或對呼吸道不好的問題，灰塵本身也是會損害布料。皮革沙發則容易在縫隙處藏污納垢，得定時清理，此外要維持室內相對的乾濕度，避免太乾燥致使皮革組織纖維斷裂硬化，太潮濕則易產生黴菌。

### 避免陽光直射

不論是布質或皮革沙發，兩者都怕陽光直射，布織品容易褪色，而皮沙發容易產生質變，無論彈性、觸感、色澤都會受到影響，高溫也是皮沙發的大敵，記得沙發要遠離暖器、暖風機等家電用品。

### 皮革沙發禁忌

皮革表面最怕尖銳物，不論躺、坐沙發，都要避免金屬製品直接接觸皮面。例如鉚釘裝飾的褲子、有金屬扣的牛仔褲等，口袋裡的鑰匙、小刀、別針等也要取出後再坐。此外，勿使用揮發力強的去污劑（如去漬油、酒精、汽油）清潔沙發。以免皮革表面受損變色。

## 傢具放樣尺寸參考

| | 長度 | 深度 | |
|---|---|---|---|
| 方餐桌 | 120cm2、90cm2、75cm2 | | 一般高度 75cm ～ 78cm，西式餐桌高度 68cm ～ 72cm |
| 長方餐桌 | 寬度 80cm、90cm、105cm、120cm<br>長度 150cm、165cm、180cm、210cm、240cm | | |
| 圓餐桌 | 直徑 120cm、135cm、150cm、180cm | | |
| 單人沙發 | 80cm ～ 95cm | 80cm ～ 90cm | |
| 2 人沙發 | 126cm ～ 180cm | 80cm ～ 90cm | |
| 3 人沙發 | 190cm ～ 240cm | 80cm ～ 90cm | |
| 五斗櫃 | 100cm | 35cm ～ 45cm | 不一定要依空間挑長櫃，同一空間也可重複擺上兩個五斗櫃 |
| 電視櫃 | 高度 60cm ～ 70cm | 30cm ～ 50cm | 電視櫃深度與影音設備有關，兩者尺寸都要同步掌握才行 |
| 衣櫥 | | 40cm ～ 65cm | 採用前後開闔門片式的衣櫃須留有深度一半的空間開關門；外掛滑門則需留 6cm 軌道。 |
| 書桌 | 高度 71cm ～ 75cm | 60cm ～ 80cm | 以 60cm 為最佳，兒童書桌深度 50cm |
| 單人床 | 105cm x 186cm | | 3.5 尺 x 6.2 尺 |
| 雙人床 | 150cm x 186cm | | 5 尺 x 6.2 尺 |
| 雙人床 Queen size | 180cm x 186cm | | 6 尺 x 6.2 尺 |
| 雙人床 King size | 180cm x 210cm | | 6 尺 x 7 尺 |
| 衣櫃 | 高度 180cm ～ 240cm x 深度 45cm ～ 60cm | | |

# 觀點 3

# 多而無用的照明，只是東施效顰

**設計師真心獨白**

之前提到如何用燈光的「強調」效果幫房子上妝，但是你知道妝太厚反而適得其反嗎？友人是獨立的都會女子，一手將自己的第一間房子打造成時尚小豪宅，不用多久就聽她到處抱怨投射燈多不實用：「光影很美沒錯，但是要上妝的時候陰影真的很討厭，什麼都看不清楚，每天都很擔心畫出來什麼樣子。」

原來，她為了提升傢具及壁飾的質感，全間都採用內嵌式的投射燈照明，連臥室梳妝台和浴室的主要光源都不例外。

「可是人家飯店都這樣啊！」友人很委屈地說。

親愛的，飯店的投射燈，通常安裝在鏡子的兩側或是有點距離的地方，有些輔以鏡燈，絕對不會直接打在你的頭頂。不是你的臉蛋不夠美麗不能「強調」，而是這些地方是必須讓任何不完美都無所遁形的工作區，會造成陰影的直射光線反而造成反效果；工作時要關注許多細節的廚房也是一樣，均勻明亮的光線才能保持清潔安全。燈光的配置要考慮裝設區域的功能和你追求的效果，一股腦的追求視覺美觀而忘了實用，就是真正的低效表現。

一味追求風格忘了照明本身目的，就是低效裝潢。 **圖片提供 _ 黃雅方**

你必須要知道的是：

# 需要的地方不能省就是不能省

燈光配置的簡單公式是「普遍性照明＋輔助性照明」，輔助性照明可以是各種不同用途的燈款，書桌燈拿來讀書寫字，如果挑了盞美麗卻昏暗的古董桌燈，傷了視力，再怎麼有型都是低效；投射燈是拿來強調視覺焦點的裝飾工具，勉強作為難用的梳妝燈，也是低效。現在越來越多人美感提升，意識到商業空間的屋妝技巧也可以拿來美化自己的住家，但是別忘了燈光對於起居於屋子內的人來說，照明還是優先的需求，我們可以用更聰明的配置組合滿足這個需求，不但好用看起來還可以更美。

# 什麼時候該用什麼燈？

局部功能性燈具中，書桌燈的風格往往是讓人頭痛的問題。不大的臥房書桌用了台灣設計的 QisDesign 哈達 led 燈，因為燈體結合鋅合金與橡膠，雖堅強但卻可以延展與側翻，不僅省空間也相當時髦。

## 1. 普照性照明以功能為主

普照性照明有時候是可有可無的，在美國租過房子的人，會發現屋子除了衛浴之外沒有裝主燈，大家都是自己買桌燈立燈搬進去。如果輔助性照明就提供足夠的照明需求，其實就不需要設置普遍性照明。

## 2. 光線方向影響空間視覺

燈具根據的光線方向，可以分為光線直射物體、會產生影子的（直接照明），以及光線投過折射散射或其他媒介發散、不會產生影子的（間接照明），選擇時應該考量燈具要被用在什麼地方，以免造成不想要陰影卻產生陰影這樣的困擾。

## 3. 著重亮度與特殊功能

以區域和功能的需求決定燈具，這項需求可以是單純機能性的，也可以是想要達到的氛圍，舉例來說，如果將需求轉化為相對的燈光配置，大概會是如下頁表格陳述。

## 4. 看區域規模選擇照明

普照性照明亮度越低，就越容易將注意力放在明亮的地方，也因此容易產生凝聚、專注感。

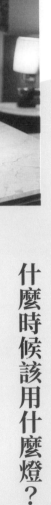

放置於廊道空間的照明能局部打亮，作為動線指引的目的，選配有型有款的燈飾則除了照明外還能形塑視覺焦點。
**圖片提供 _ 朵卡設計**

## 5. 輔助性照明應用彈性廣

輔助性照明除了投射燈只有單一功能外，其他都可以是不同用途的風格燈具，要用什麼、怎麼用、用在哪，其實都是你喜歡怎樣就怎樣而已。

| 區域 | 功能或氛圍需求 | 普照性照明 | 輔助性照明 |
|---|---|---|---|
| 浴室洗臉檯、廚房 | 工作區、需要陰影不強且亮度適中的空間 | 高亮度間接照明 | 依需求增加鏡燈、櫥櫃燈 |
| 書房 | 專注、沈靜 | 不使用或是低亮度 | 書桌燈或閱讀燈 |
| 客廳 | 放鬆、交流、展示 | 中低亮度 | 吊燈、立燈，桌燈、裝飾性風格燈具、投射燈 |
| 餐廳 | 食物、交流 | 不使用或是低亮度 | 吊燈 |
| 臥房、浴缸 | 放鬆、沉靜、專注（閱讀） | 不使用或是低亮度 | 閱讀燈、立燈 |

# 搞懂燈具差異，才能正確配明室內照明

## Q1 室內空間照明分哪些類別？如何依不同類別選擇適當的燈具？

居家照明光源可分成三種，混搭才能達到豐富空間表情的效果：

**1. 普照性光源**

開了整間都會亮，不會有哪裡比較亮或不亮，感覺都差不多，也稱為背景燈，很多歐美住家其實都不用，但台灣人喜歡晚上室內也明晃晃，所以很多成為家裡的唯一光源。你可以用傳統的吸頂燈，吊燈，直接用多盞軌道投射燈取代，但是兩種最常見選擇需要做木作天花板：光溝式間接照明和省電燈泡嵌燈，偶爾看得到的流明天花板也需要。

**2. 輔助性光源**

主要目的是增加光影層次，引導視線。過去投射聚光燈都是鹵素燈，現在則改用 LED，款式有吸頂式、夾燈，得在天花板開洞的嵌燈式，大範圍軌道式多盞燈同時使用甚至可以涵蓋普照功能。

**3. 功能性照明**

做特定事情時的專用燈，大部分這樣的燈都是活動燈具（除了餐吊燈除外），為了讓你在工作、閱讀、烹調、用餐時看得更清楚更舒服，如書桌燈、床頭燈、玄關夜燈、沙發閱讀燈等，活動燈具有各式各樣的造型，和傢具一樣除了實用也有很重要的裝飾功能，也和傢具一樣，裝修完最後依功能需要、搭配風格再購買。

以「大處低調、小處漂亮」的照明配置原則，自然就能在空間中創造燈光的層次。 **圖片提供 _ 朵卡設計**

## Q2 嵌燈有分哪些種類？如何選擇？

嵌燈就是在天花板挖孔嵌進去的燈，中古屋若已有木作天花板，可將原燈洞請木工師傅補平，再根據新的傢具配置圖請師傅挖洞配置燈具，就不用拆除木作天花板；新作天花板如需安裝燈具，與上方樓板間須預留至少8～20公分的空間裝燈（視燈具尺寸而定）。

嵌燈可以安裝兩種光源搭配使用：

1. 普照性省電燈泡光源，E27 燈頭最常見，現在也都能用 LED 燈泡，俗稱漢堡燈的桶狀燈具只需要12公分的深度。
2. 輔助性投射光源：通常都是用盒燈、桶燈的方式，燈泡燈座一起賣，現在已經都是 LED 燈了，也大多可以調整方向。

### 嵌燈選購重點

| 項目 | 常見市場規格 | 注意事項 |
|---|---|---|
| 燈頭尺寸 | E27 燈頭、BB 燈頭、PL 燈頭 | 最普遍的傳統 E27 省電燈泡燈頭現在都有 LED 可以選用 |
| 嵌燈嵌入孔 | 9.3 公分、10 公分、12 公分、15 公分 | 一般選 12 公分不會太大又可以裝得下省電燈泡 |
| 嵌燈高度 | 橫插有玻璃罩的 E27 省電燈泡（只要 12 公分深度就可以。） | 關係到天花板高度是否可以嵌入嵌燈 |

LED 方盒聚光嵌燈，可以輕易讓家裡有畫廊、飯店或高級餐廳的 fu，一般水電行很少會配這種商業空間常看到的嵌燈，可以指定或自己買來請水電師傅裝。

**圖片提供 _ 朵卡設計**

Case 03

# 砍掉重練更划算！符合適切生活的新居改造

【內湖陳宅 個案敘述】

樓中樓是很多人的夢想，樓梯帶來的空間層次，給人許多變化的可能，在市區能找到適合一家三四口，而不是小坪數夾層的樓中樓很不容易，Lippman 和 Evelyn 幸運的在女兒出生之際，覓得老社區的一二樓，上下樓十分理想地分割為臥房區及公共空間。

### 依家人生活習慣作規劃

既然是老房子，就會有一些老毛病，例如管線老舊、收納不足，更不用講過氣陳舊的裝潢，杉木飾板和塑膠地板與年輕屋主的品味完全搭不上。既然全部砍掉重練，就可以針對動線需求大幅度修改：一樓外推增添洗手間，省卻了上個廁所還得爬上爬下的麻煩；改變廚房開口，雖然為了考量排油煙機風管位置必須靠近天井，而沒採用原本期望的中島廚房，但半開放式面向客餐廳的設計，依舊能增加廚房與客餐廳的互動；樓上原本三房兩衛的格局，改為兩房一衛，給孩子更多活動空間，也有了夢想中的更衣室。

### 不填滿才能留下無限想像

雖然有那麼多的空間可以運用，夫妻倆卻特別要求留白，不要把所有牆面填滿，連一般人不會放過的樓梯下儲藏空間，Lippman 和 Evelyn 卻只擺了一座單品斗櫃，也不打算一口氣把所有傢具買齊，對他們來說，購買傢具應該是愉快的過程，而不是一個痛苦的任務，精挑細選自己喜愛的東西，每樣都有意義，才會好好珍惜，這個即將與女兒一起成長的家，才留下記憶的第一頁，何必急著定義？

**DATA**

- **屋主：** Lippman 和 Evelyn
- **所在區域／屋齡：** 台北內湖／30年
- **坪數／格局：** 約30坪（不含公設）／二房二廳二衛
- **裝修所費時間：** 約三個月～半年
- **裝修費用：** 約 170 萬元（不含傢具、家電等設備）

將客廳收納集中沙發後方，保留大片活動空間給家人，生活更輕鬆。
圖片提供 _ 朵卡設計

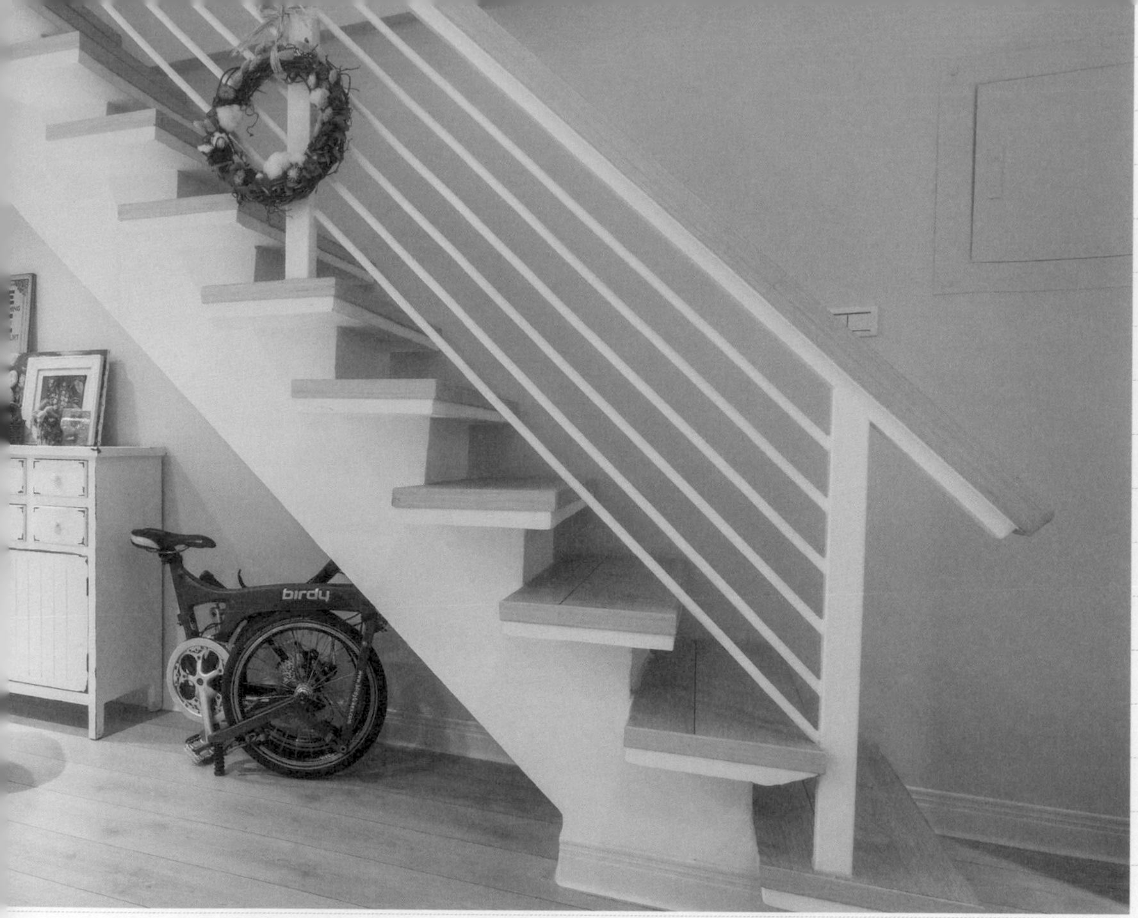
birdy

1. | 2.
3. | 4.

1.「二」字型廚房的設計，使得冰箱，水槽，瓦斯爐相對位置呈現三角形，取料、備料到下鍋料理動作一氣呵成，不需要大空間也好用。
2. 樓梯骨幹是黑鐵噴漆，踏板是與地板相同的超耐磨地板，由木工施工；木扶手轉角也都導圓角，以免小孩撞傷。
3. 次臥拆除原本的櫃子，除了怕孩子碰傷，也留給成長中孩子未來可調整安排的空間。現在一張嬰兒床就足以滿足小朋友及爸媽現在的需求，只要一頂 IKEA 床頂篷，就有了充滿童趣的兒童房。
4. 主臥為了維持簡潔的線條，梳妝台做在衣櫥裡，使用時才打開；走入式衣櫃不做門，改用捲簾隔間，既省錢也避免風水上「房中房」的禁忌。

# Chapter 4

# 拒絕！低效能的裝修工法

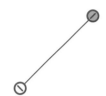

## 每個家庭都在時間的長河中往前走，但空間卻是固定不動的！

執業室內設計這麼久，有時候會再度留意以前客戶的家，我會回頭特別觀察，哪些設計他們用了、哪些沒有用；哪些建材他們喜歡、哪些太多餘，整理大家的居住經驗作為未來服務客戶的參考。但這其中「人的改變」最讓我感興趣：屋主從單身貴族到成家立業、生孩子、又或者離婚、甚至去了更遙遠的地方，每個人、每個家庭都不曾停歇的在時間的長河中往前走，但空間卻是固定不動，屋主最初裝潢的遠見是省錢與否的核心因素。當下喜歡的裝潢與設計，未來 20 年也都能持續喜歡嗎？不妨抱著尋找真愛的態度，如果一時間心動的裝潢不多，那麼其實也就不用追求做好做滿，讓房子有慢慢成長變化的節奏，少了這一建一拆的工程成本，怎樣都划算！

觀點 1

# 裝潢若只知找 Seafood，就等著吃大虧吧！

### 設計師真心獨白

C先生與太太好不容易熬到孩子全離家唸書就業，為了迎接退休生活，決定大力整頓住了二十幾年的家。屋齡超過三十年的老公寓，水管漏水、壁癌、木地板膨脹，櫃子脫皮、鉸鏈鬆脫，基本上能想像得到的毛病都有，夫妻倆專注地聽著我說明必須做的工程，在討論收納規劃時，C太太有些擔心的問：「這樣木工是要做多久？現在人工越來越貴……」C家上次裝潢，在木屑煙塵密佈的屋子裡住了三星期，至今還心有餘悸，而C先生關心的則是品質問題：「你們的師傅工細嗎？有經驗的老師傅最好啦！」

許多長輩，像C夫妻一樣，上

次裝修可能是二十年前的事，居家裝修在那個時代就是裝潢木作的同義詞，家裡從天到地，都由木作工班一手包辦，因為工程量最大，統包通常也都是木工擔任，再分包給其他水電、泥作等工班。木作因純手工，且大部分現場施做，至今成本仍然高居不下，但近十幾年來，居家裝潢早就有了更多的選擇，不一定什麼都要找師傅，特別是收納櫃或傢具可以選擇系統傢具品牌、地板有超耐磨地板公司，網路的普及還能讓消費者直接諮詢，種種快速且相對便宜的選擇，又何必要到處找傳說中的師傅呢？當然，木工服務還是有其不可取代的部分，只要搞清楚你的需求，哪些是非木作不可、哪些可以用別的東西取代，就不會多花時間又多花錢啦！

你必須要知道的是…

## 關於木作的替代資源

木作分為製作單品傢具的傢具木作，以及室內裝潢的裝潢木作，兩種是不同的工藝，因此以前會碰到家裡做裝潢時，請木工順便釘的桌椅長得很抱歉的情況。裝潢木作就是我們常聽到的「天、地、壁、櫃」，因為涵蓋區域廣，接觸的材料和工法也多樣。現在地、櫃部分受到地板公司及系統櫃競爭擠壓，非木作不可的天花板與牆的樣式也越來越單純，裝潢木作的手藝正在流失中，如果你就是要木作，特別是一些複雜裝飾性高的樣式，就要找到做工扎實，乖乖依照工法，不偷工減料的工班，看過作品或在親友間和網路探尋口碑是你必須做的功課。

地板選擇多樣，地板公司通常都會有專屬工班，可多看多比較。
**圖片提供 _ 朵卡設計**

# 天地壁櫃這麼做更划算

**1. 天花板：**

天花板若沒有雜亂線路就無須再做木作，管線都是可以收攏的，又或者走輕裸風格，而冷媒管可以走樑近壁，木工包樑就可以遮住外露的冷媒管；若預算足也可做木作矽酸鈣天花板，平鋪麗仕矽酸鈣板一坪連工帶料不含漆 $3200 起，這樣做不僅可以遮住灑水頭、還可以裝嵌燈、間照層板燈，增加普照式照明。

**2. 地板：**

大部分地板廠商都直接進貨，低技術人工比木工便宜許多。超耐磨地板一坪連工帶料約 $2800 起；PVC 地板，俗稱塑膠地板，一坪大約 $900 到 $1000，甚至只要超耐磨地板的1／3價格，代替人工昂貴的木作，施工一天就解決，方便又快速。

**3. 牆面：**

木作飾板與貼皮永遠沒有油漆彩牆來得經濟划算，端景牆用明度低的冷色做出深度感，還能拉大空間，省錢又有風格；隔間牆可以兼作收納設計，或是就以櫃做牆，一物二用，

天花板裝潢通常為了埋藏管線而存在，如果想要省下這筆預算，可以把管線延牆面收整，輕裸露也不失為一種簡易方式。

**圖片提供 _ 朵卡設計**

現今系統櫃發展成熟，風格尺寸應有盡有，更可以依喜好挑選門片組件，比木作裝潢來得划算許多。

**圖片提供 _ 朵卡設計**

省工省錢也省空間；只是視覺上想要有個區隔，一片窗簾也能達到一樣的效果，價格可能不到一半。有些咖啡館直接將超耐磨地板鋪於牆面，大量原木質感效果立現，也不失為一種作法。

**4. 收納櫃體：**

除非你家充滿了各種畸零角落，只能為家「量身訂做」各種櫃子傢具，不然現代系統傢具風格種類齊全，大大小小總能選配出適合家裡的尺寸，更何況系統傢具不用上漆，省了油漆和貼皮，更少手工訂製的昂貴工錢，東省西省，就省下不少錢，只要造型方正，還是可以依照格局量身訂製，不需要承受現場施工的木屑煙塵，組裝一兩天就完成，材料也沒有甲醛的問題，特別適合臥室這種需要大片收納的空間，一般系統衣櫥可以比木工省了1／3的價格。

**5. 別作天花板收納：**

雖然充分運用上端空間，不過天花板收納不順手、看不到，東西丟上去十之八九就被遺忘，真想利用畸零的收納空間，有樓梯的可以做樓梯下收納櫃，以及利用某些樑與牆壁面間的空隙，在樑下做收納櫃時於櫃身上方開洞，就可利用這個外面完全看不到的空間作為家中保險箱。

# 木作裝潢與系統傢具，精打細算省很大

## Q1 如何挑選值得信賴的木作工班？

a. **眼見為憑**：木作工班不像冷氣和水電，有固定店面品牌，想找工班通常都是口耳相傳，只是各家水準不容易確定，最好透過曾裝修的親友介紹，或可以在鄰居裝修時，詢問並前往工地了解工班施工品質。另外，有完工能力的師傅往往不收訂金，或是收很少訂金，要求大筆訂金的工班可能不太能信賴。

b. **工序相互串聯**：木作和許多工序相接，有時還必須同時施工，像是包覆冷氣和水電管線；好的木工師傅都有很強的串連、協調各工的能力，替屋主分憂解勞，因此不少統包，甚至設計師是木工出身；木工師傅一人一天工錢約NT.3,000～3,200元，如果太過低價，就可能沒有接工、完工能力，擺爛落跑的可能性高。

## Q2 裝潢預算要怎麼編列才算合理？

如果你想知道新成屋一坪幾萬，中古屋一坪幾萬，那我真的不知道該如何回答，真正的答案應該是：看你要做什麼。坊間以坪計價，是因為設計師設計費以坪計價，估好的的工程費用加上利潤和設計費，一口氣報給你，以坪報價就比較看不出來實際上細項。但工程費用的計算，是每個工序的工班分開計算，各個工序計價方式不同，大部份都不是以坪計價；所以其實是看你做了哪些工，用了什麼材料，才是影響最後工程費用的因素，不是你房子的新舊大小，新的、小的自然做得少，工程費用便宜；大的舊的必須做得多，工程費就高。中古屋可能會比新成屋多做水電、浴室等等，但還是會有不小的個案差異。

## Q3 系統櫃如何搭配木作創造高效裝潢？

a. 木作材料，系統做法

木作在系統櫃的競爭之下，也開始採用系統櫃的節省成本方式，有些木作能將整個櫃體在工廠做完，再到業主家組裝，節省人工。

b. 系統櫃身，木作櫃門

木作的優勢在於可以做精細的變化和較多的裝飾，不需要精細技術的部分都應該改用系統櫃，取兩方優點搭配，省錢又有風格。

c. 木作櫃身、系統抽屜或聰明收納

木作光一個書桌抽屜都至少上千元，如果不做抽屜，買現成的儲藏盒取代，看起來活潑有變化且更省錢。IKEA、品東西都有各種風格、有蓋或無蓋的儲物盒能選擇；衣櫃裡可將抽屜換成拖拉式的鐵籃，價格比抽屜少一半以上。

裝修要省錢，一定得要從木作動腦筋。木作常佔裝潢超過一半的比例，若天花板沒有雜亂線路就無須再做木作天花板，冷媒管可以走樑近壁，木作以包樑或假樑的方式一樣可以遮住冷媒管，可以大量縮減昂貴人工的木作；有時亦可做局部天花板，不僅可以整理線路於其間亦可造成高低視覺設計的趣味：臥室衣櫥盡量用較低廉成本的系統傢具取代繁複訂做的手工貼皮木作衣櫥，用制式的收納櫃取代訂製品、這樣的系統衣櫥預算只要木工的1／3便可以達成，而且還省了門片油漆的費用，因為系統傢具不用上漆，東省西省，就可以省下不少錢。

比起木工裝潢或系統櫃，現成的傢具櫃其實才最省時省錢，可移動的特性不僅能經常變化位置，就算未來搬家這些櫃體還能帶著走。
**圖片提供 _ 朵卡設計**

衣櫃最需要分門別類作好收納，買現成的儲藏盒取代木抽屜，價格低廉但效益極高。
**圖片提供 _ 朵卡設計**

# 天花板到底該不該做？

## 天花板裝潢的重要意義

曾經聽說過一個說法：天花板存在的唯一作用就是「藏樑」，現在許多管線都走天花板，所以多了藏管線的功能，在決定要不要做天花板之前，先看看這兩項功能是不是能用其他方式達成：

**1. 藏樑：**現在鋼骨結構，樑越來越大，如果用天花板遮蔽反而造成樓高低矮，壓迫感重，許多建商將樑設在客餐廳中間，臥室壁邊，樑下好可以做隔間牆或櫥櫃，樑的位置就不會影響天花板高度；床頭避樑除了床頭櫃，可以做弧狀包樑修飾。

**2. 藏管線：**大部分管線都在浴室和廚房或是走道，較不需要擔心做天花板空間低矮的位置，如果是其他起居空間，依據管線走的位置，有些不一定需要整面天花板遮蔽，例如冷氣管線可以走在線板或是窗簾盒裡。

除了這兩項功能，相對於泥作天花板，木作天花板還有給予房子較細緻的質感，以及可以裝任何燈具的優點，如果這些是你重視的需求，就該做天花板。

天花板裝潢以矽酸鈣板包住冷氣及照明管線，可提升空間整體的清爽感。

## 做與不做的考量

不做天花板、直接呈現管線裸露狀態，符合現在流行的 loft 或工業風，我們過去也建議有條件的客戶省一筆木作錢，不過經過多年經驗，發現不做天花板其實有些意外的缺點，也不一定更省錢。比較一下優缺點，不做天花板？你可能要好好想一想。

除非你有很高又很大的空間，不應該將天花板當主角，真的很想變花樣，可以用在狹小的空間，例如走道、玄關。除了木作，你可以用更實惠的方式裝飾，例如貼壁紙或大圖輸出。別用天空雲朵，看起來反而低矮；選擇抽象連續的圖案，例如伊斯蘭花紋，蒙德利安的幾何圖形，而同樣的壁紙還可以用在端景牆，玄關牆，重複出現，作為整間屋子的風格主題。

想要用鏡面天花板拉高空間，選擇在公共區域，使用深色的茶鏡，比較有自然深邃的效果，也不會讓人不自在。

流明天花板現在較常出現在公共空間，其柔和的光線是作為居家普照性照明不錯的選擇，如果你喜歡明亮的環境，客餐廳又是一體的大開放空間，可以在餐廳部分使用流明天花板，客廳部分用風格吊燈或立燈等風格燈具。

### 經濟實惠的木作天花板材—矽酸鈣板

目前市場上居家使用 CP 值最高、防火防潮不變形又無毒的天花板建材就是矽酸鈣板，除非有新的材料兼具這些特性又更便宜、性能更佳，或是你是用在錙銖必較的商業空間，否則其他材料都不需考慮。日本製的比台灣製的更軟Q，防震效果也更好。

## 不做天花板裝潢的優缺點比較

| 優點 | 缺點 |
|---|---|
| 1. 可搭配 loft 風、工業風設計突顯個性<br>2. 省下天花板的裝潢費用 | 1. 住家看起來完成度低，質感較差<br>2. 可能另外衍生出修飾管線分佈、訂製造型管線、壁面手工塗佈、粉刷等等工錢<br>3. 吊在天花板上超有型的管線其實造成清潔死角，落塵依舊會積在管子上方，幾乎只有商業空間有條件請人清掃，一般住家維護困難。 |

# 木地板選購保養重點

比起磁磚地板，木地板擁有木材溫潤的質地，也特別有居家的溫馨，常是居家裝潢的首選，然而市面上木地板種類繁多，價格差異懸殊，可根據不同特性和材質優缺點，配合自身的需要作選擇。

## 木地板清潔維護的方式

塑膠及超耐磨地板只需用清水擦拭，不需特殊方式；海島型與實木地板除了一般清潔，海島型還必須定期上木地板養護油，實木地板則是得噴灑木頭精油保養。此外，因應台灣濕熱氣候，木地板防潮措施不可少，使用環境和區域上必須多加考慮，避免鋪設

## 木地板種類評比

| | 優點 | 缺點 | 價格（連工帶料） |
|---|---|---|---|
| 實木地板 | 透氣、溫濕度調節功能最好 | 不耐潮濕，除了某些硬度高的木料以外容易變形，也怕蟲蛀，保養麻煩 | 6000 元～ 10000 元 / 坪 |
| 海島型木地板 | 最耐潮濕不易變形，有實木質感 | 膠合夾板會有甲醛殘留問題，壽命稍遜實木，需要保養 | 約 4000 ～ 6000 元 / 坪 |
| 超耐磨地板 | 低甲醛、耐操耐磨，適合有小孩及寵物的家庭；仿木紋表面觸感佳，接縫可密合至不卡垢不滲水，也不需特別保養 | 較實木及海島型冷硬，硬度高邊角撞易碎，怕蟲蛀，不耐潮濕 | 約 3000 ～ 5000 元 / 坪 |
| 海島型超耐磨地板 | 耐潮濕不易變形，耐操耐磨，好保養 | 膠合夾板會有甲醛殘留問題 | 平鋪 2000 ～ 3000/ 坪，直鋪 3000 ～ 4000/ 坪 |
| 塑膠地板 | 價格便宜、不怕水又耐髒，施工方式簡單，容易復原 | 質感及壽命不及木地板 | 約 300 元～ 2000 元 / 坪 |

在潮濕且通風不佳的環境，局部鋪設遠離浴室和廚房等容易沾染水氣的地方，並且不論哪種鋪設工法，都必須墊防潮布，架高地板還可考慮放置竹炭等吸濕材增加防潮能力，才能避免縮短木地板壽命。

## 地板的龜裂破損要怎麼補救？

不論木地板還是瓷磚地板破損，都是可以針對損壞位置局部處理，但是仍然得視情況而定，如果實際上受到影響的區域大過看得到的損壞區域，可能就得考慮這次修完，會不會復發，反而不如一次更換，不要為了一時省小錢反而後來花更多。

此外，常見各大地板廠牌標榜提供保固，事實上只要弄清楚保固內容，便會發現有許許多多的但書，例如「陽光或人照光下不會褪色及失去光澤、無穿透、破裂；當有製造瑕疵時不收費……」等等，實際上一般消費者遇到的情況很難符合保固條件。因此，最好將這些看似很長的保固期當作是地板廠牌對自家產品品質的宣示，進口廠牌願意保固到15年以上的都有一定的品質，而海島型和實木地板很少願意保到15年以上。對於消費者來說，與其比較廠牌的保固期，還不如找到願意提供施工保固的工班，因為一旦發生問題，還是找原來施工的師傅來處理，地板廠牌並不會負責任，因此發包必須確定施工保固期間及內容，最好有書面紀錄。大部分施工公司會提供施工後一年期的保固，有些可以另外付費延長。

## 老房子的地板一定得重換嗎？

地板在整個裝潢預算中佔的比重頗高，如果預算不足，可以考慮保留原有的地板繼續使用。人的視線高度，只要擺上傢具地毯、加以裝飾、製造視覺焦點（例如燈具、大型掛畫、造型傢具），就會輕易忽視地板的狀態，只要舊地板沒有漏水、蟲蛀，沒有「膨拱」等破損變形的情況便可延用。

相對的，舊木頭地板若受潮變形或有蟲蛀情況一定得拆。特別是有破損、「膨拱」等不平整的現象，就必須考慮將原有的地磚拆除，由泥作工班重新水泥粉光。當直接鋪木地板會使得地板太高擋到門板時，有三種方式解決：一是鋸門片，二是扣掉門片開闔的範圍不鋪，三是打掉原來的地板或地磚。由於拆除加上泥作粉光成本高，除非地磚如前述狀況不佳，通常會採用前兩種方式解決。鋸門片的費用視複雜度不同，地板公司可能會酌收費用，檢視報價時也必須注意這點。

觀點 2

# 人口簡單的小宅有必要什麼都做嗎？別被多餘設計坑了！

## 設計師真心獨白

S小姐在交屋前，就很認真做功課、參加諮詢，一步步規劃與另一半共同的家。交屋後沒有如預期開始發包施工，她一個人跑來找我，說必須改動為了小家庭規劃的設計，被問到改動的原因和方向，她苦笑了一下，安靜地說：「我們分手了，這房子就一個人住。」

其實人生很多時候都需要一個人住：工作離家、離婚、寡居、甚至選擇永遠單身。獨處是一種寶貴的資產，不僅可以促進學習、思考、創新，還有更多時間探索自己的內在世界。一個人住生活或許簡單，不表示品質就得將就妥協，你反而有餘欲多做一些變化和嘗試，也可以更隨性輕鬆：隔間不用硬性分開，衣櫥也能放玄關客餐廳也是書房工作室，你為未來做的任何打算，應該是可以承受變動的，泰然接受各種不確定性。

面對這樣的客戶比例不下于新婚夫妻，很多小夫妻熱血的縮小了客廳、餐廳的公共空間，硬是多隔出兩房、三房，為的是未來出世的小孩有獨立的生活天地，結果空出的小房間往往成了雜物間；有些單身貴族買了小套房，規劃了舒適的臥房、客廳，卻長時間的待在餐桌上工作、睡沙發，最後又要求我全部打通成為開放空間。每次碰到這類案子，都是一再提醒我人生無常的本質，一個水泥鋼筋打造的房子，看起來是又冷又硬無機體，但它不只是房子，而是一個家，一個包覆了居住在其中的有機體—人的家，於是跟著人一起有不同的變化。如果我們習慣為自己作生涯規劃，那麼房子也應該有階段的裝潢計畫，現在不等於一輩子，如果不能很精準的看出未來的需要，那麼就讓房子多保留些變動的彈性，你也可以少掉很多煩惱。

你必須要知道的是⋯

# 打造以不變應萬變的彈性格局

不論是一人變多人，或是多人變一人，你不是總能預期人生的轉折，有時候是不小心多了個孩子，突然被調到外地工作，長輩來同住，甚至只是做中途送養卻送不掉的貓，都會影響家中空間的使用，不論是大宅還是小屋，不要做滿做死，維持彈性可以避免日後後悔、變動的成本。維持彈性不表示臨時或粗糙廉價，而是不將每個空間或傢具的功能嚴格定義：不要怕留白，不要急著一次到位，一房多用，一物多用的手法不是只能用在狹小住宅，因為家是活生生的有機體，計劃總是趕不上變化。

減去隔牆、通透的空間能為生活留下更多伏筆，機動性配合各種需要作變化。
圖片提供 _ 朵卡設計

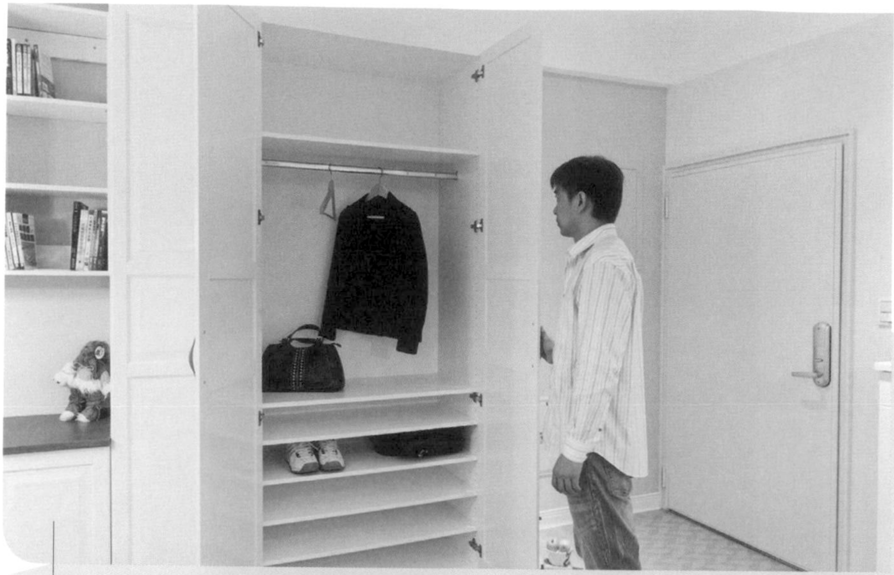

想要更活用空間可以跳脫傳統思維，把衣櫃放置在靠近大門的玄關處，一進門就有隨手方便的好收納。 **圖片提供 _ 朵卡設計**



# 一房多用、一物多用 創造高坪效8大重要法則

**1. 減少實體隔間**

如果家裡不是超級大坪數空間，那麼可以不用太多的格局區隔，阻隔太多的空間容易變得狹隘，一旦移掉隔牆不僅視野寬廣明亮，多出來的空間還可以有多種變化做瑜伽運動空間、放健身器材、大面書牆等，充實又美好，除了廁所有實體隔間，其他一眼望穿開闊舒心。

**2. 用窗簾來隔開臥房**

聚會後錯過最後一班捷運的同事、還有那些與另一半鬧彆扭的好友，總愛在客廳暫借一宿，這時在床區拉上窗簾，客廳即成客房，臥室霎時成為獨立空間；垂地紗帘還能充當蚊帳，意外地方便。

**3. 新成屋地板**

如果為五年以內的新成屋，才用不久的拋光石英磚地板還新穎亮麗，不用急著用木地板遮起來，希望觸感溫暖可以鋪地毯，多樣花色可以有更豐富的風格變化。

**4. 開放式廚房**

一個人住難得下廚，但是加熱食物卻是常事，因此冰箱、水槽、微波爐成為外食族的廚房金三角，三點動線一定要迅速又有效率，就像 7-11 一樣，開放式廚房剛剛好符合需求；有時三五好友來，足夠的空間也能一起享受邊料理邊聊天的樂趣。

**5. 大面衣櫥也可以放玄關**

一個人住小空間，衣服不一定都要放臥室衣櫥，放在玄關又怎樣？外套、襪子不都是出門才要穿的嗎？況且從來沒有人抱怨玄關櫃太大，就算人口增加也好用。

**6. 儲藏室不如儲藏櫃**

有個獨立儲藏室是很多人的夢想，但必須考慮的是，同樣的容量，儲藏室還有房間內不能挪作他用、寬約 70 公分的走道空間；而儲藏櫃關上門，開門片的空間馬上還回去櫃子所在的客餐廳或臥室等等。你缺不缺的那 70 公分，決定你能不能做儲藏室。

**7. 餐桌就是書桌**

a. 一個人的家，除了床以外，最重要的就是電腦：查詢、社交、辦公一機搞定，但是攤在沙發或在床上打筆電容易昏沉，對腰背也不好，不如將餐桌當成書桌，工作既有效率，假日親友來訪還可以當正式餐桌。

b. 即使是一般家庭，擺一張大餐桌，不設專用書房也很受歡迎。一張桌子可以分時段有不同功能：早上不同時段出門的家人吃早餐，白天給留在家工作的人辦公記賬，傍晚孩子回家做功課，晚餐才是整個桌面完全使用的時間，睡前還能在上面做點正事或是做手工藝，玩玩桌遊，完全就是家裡的活動中心。

**8. 梯凳是最好的一物多用**

一張好看的凳子可以當邊桌、放燈具、收藏擺飾或雜物，客人來的時候東西搬開就能坐了。其中最好用的就是做成梯子形狀的凳子，例如 IKEA 長銷款 BEKVÄM，當你要拿衣櫥上櫃的被子時，一定會很慶幸有買一支。另外梯子型的收納架則是機能與個性兼具的空間收納。

# 小坪數空間疑難詳解

## Q1 單身小宅坪數不大，如何避免讓客人一進門就看到寢室？

小坪數大套房內想要完全遮住床區，窗簾是最實用且實惠的選擇，屏風不方便收闔。美背的收納櫃只是能收納的隔間牆，還是讓人感到空間狹隘；雙面開放櫃是開放空間常用隔間，但不能完全遮住，如果很在意隱私，還是用窗簾吧。

順便一提，現在新的公寓大樓單位，規劃的餐廳廚房位置就在大門口，有些人覺得不應該一進門就看到餐桌，而想做實體玄關或將客餐廳掉換位置分隔清楚。這樣不但讓餐廳遠離廚房，動線不順，一入門就撞上一大片櫃子，怎麼樣都讓人不自在。你家不是人來人往的公共場所，形式永遠都不該比你的舒適度重要。

## Q2 為了提高工作效率，想明確分隔工作室和休息空間？

書桌不要進臥室，開放格局用窗簾或雙面開放櫃分割工作區與床區／休息區。其實直接到外面去是最有用切割心理狀態的方式，咖啡店、圖書館都行，現代人已經是有手機就是被工作追著跑的狀態了，家作為放鬆沈澱場所，除非你就是樂在工作的人，是不是真的有必要把工作帶回家裡？

一房小套房最好的隔間法，就是用窗簾，能隨著開闔調節空間，夜間保有睡眠隱私，又能維持通透的日常空間。 **圖片提供 _ 朵卡設計**

## Q3 廚房太小擺不下餐桌怎麼辦？

我想應該不會有人想把餐桌塞進窄窄的一字型廚房？三房以上格局可以將廚房旁的房間與廚房打通，成為獨立的餐廚房。若是指小宅的小小開放廚房旁放不下餐桌，其實不用擔心，餐桌最小尺寸 70 公分 x70 公分，不是那麼難擠出來，連三米六夾層單位的樓梯下都能擺，再不然可升降沙發茶几，桌板抬高就是餐桌，連餐椅都省了。

## Q4 如何善用傢具擺設區隔出不同生活機能的區塊？

窗簾、雙面開放櫃、美背式櫃是小空間用來分隔區塊的工具，但其實傢具本身就定義空間，沙發就是客廳，餐桌就是餐廳，哪裡能用筆電就是書房，床就是寢室，分隔區塊不如設定動線，已經很小的房子何必特別劃分界線？是不想看到其他空間嗎？別盲目套用既定的格式，施作下去前最好想一想喔。

## Q5 很少用的孝親房怎麼樣才不會浪費空間？

四口之家買三房兩廳，留一房作為孝親房或客房是常有事，這個房間的使用因為卡了張床而很尷尬，為了爭取使用空間，有兩個方案可以考慮：

**a.留床架：**有些長輩堅持要在你家有一個永久的床位，你可以選擇小雙人床，靠牆放，剩餘可用來收納及活動的空間較多。

**b.架高地板：**木作做5公分架高木地板，就可以直接放床墊不需床架。你可以做至少兩座衣櫃，一座一般收納，一座放可收折記憶床墊，客人長輩來時拿出來，空衣櫃還能放行李。平常木地板房間做小孩遊戲室，瑜珈室都很適合。

觀點 3

# 當自己的室內設計師！素人設計的裝潢重點

## 設計師真心獨白

「設計師你看，這是我自己畫的圖，」L先生掏出IPAD，手指迅速地在螢幕上移動，轉換畫面中SketchUp 3D圖的角度。「我們想說你不畫圖，那就自己畫好了，發包可以用。」

L先生是電子工程師，與另一半R小姐對裝修新家有很多想法，也不怕自己動手，看著精美的立體圖，以及兩人像是小孩子期待著被稱讚的表情，看得出來他們在其中得到不少樂趣。當L先生興沖沖的拿圖解釋他在電視櫃為音響網路和遊戲機牽線做的設計時，R小姐突然打斷他。

「為什麼餐桌在這裡？」

「才看得到電視啊。」

「我不是說我們應該改掉這個習慣嗎？」

「我就說不需要啊！」

連收納櫃開門角度都顧到了，兩人卻忘了在最基本的格局規劃上取得共識。沒有孩子的夫妻倆多年來習慣吃飯配電視，L先生說，因為太了解彼此，所以不對話也沒關係，R小姐卻悄悄的習得「晚餐桌是家人溝通情感的場合」這樣的觀念，而決心在新屋落實。人是習慣的動物，企圖用意志力人定勝天，最終的結果會不會是抱著飯碗去客廳，我們不得而知，但是為了不讓餐廳和餐桌形同虛設，我建議他們放下IPAD，回到新屋裡去，思考現在的生活習慣，走一走，坐下來感受，用柔軟的心和放鬆的態度與人生的伴侶想像未來，比起看圖想像插座位置，對新家設計有幫助多了。

你必須要知道的是⋯

## 設計可以自己來，但有些地雷可不能碰

自己規劃設計自己的家，其實是最理想的，別忘了空間的設定應以人為主，為了完成舒適的居住空間，才會有傢具、收納的產生；「空間」傢具＝人的活動空間」只想著哪邊可以多做收納、塞進舊傢具，你的活動空間就被擠壓了；只看電視櫃的細節，忘了在哪看才舒服。如果你有機會與設計師交流，請開放心胸，聽聽專業的意見。不管你在網路上搜集多少資料，看過多少網友分享的經驗，某方面來說，都是簡化的專業知識及單一用戶的片面意見，與受過訓練以及許許多多成敗不一的案例累積下來的知識相比，還是有落差，而且有時候外人看，反而看得到自己沒發現的盲點。接受自己的不專業，可以學到更多喔。

裝潢，用想的容易，執行起來則有數不清的盲點和地雷，不想花冤枉錢就需要耐心的與家人溝通協調，更要積極做功課。
圖片提供＿朵卡設計

# 第一次自己裝潢就上手——〔功能與風格篇〕

說穿了室內設計就是在合理的「預算」下，用「風格」完成「功能」，「功能」與「風格」相互影響、相互制約。自己設計，就由設定功能及風格著手，最後再用「預算」衡量施作質量。

## 1.「功能」

### ●什麼是功能

滿足居住者對生活機能的需求。透過動線安排、隔間格局、傢具擺設，讓住在裡面的人體驗到便利、舒適與愉快的生活環境。

### ●釐清需求

功能的考慮，其實就是要你詳細定義你的生活習慣怎麼運用到未來的空間，你可以先藉由自己與家人多方面的溝通釐清需求，精準的詳細定義公用空間（客、餐廳）的功能，另外私人空間（個人房間）實在應該尊重每個房間居住者的需求（即使是小朋友，也應該尊重他的意見），公、私空間功能確定，這樣一來隔間格局、動線也就水到渠成了。

### ●用膠帶法動手設定

功能設定最終成果是實際上屋內格局以及傢具擺放位置，有沒有圖其實不重要，你不用擁有高超的繪圖技巧，只要一綑細的有色膠帶，捲尺及一把板凳，照樣可以搞定。

1. **放樣**—參考動線以及傢具尺寸在地上貼膠帶或報紙剪裁放樣。
2. **現場實際演練**—打開手機放自己喜歡的音樂，想像自己在這個屋子裡的生活，按照實際的作息動線在屋內走動。對於有高度的傢具，特別是椅子、沙發，坐下來和站著看視野完全不同，因此得拿個板凳坐下來感受。這麼走一遭比你用電腦小小的螢幕努力想像，空間感差非常多，瞬間你在屋內的生活畫面就鮮活起來，自然動線格局能迅速決定，清楚實在。

## 2.「風格」

### ●風格在哪裡

風格的反應居住者獨特的文化、個性與美學素養和審美觀，主要呈現在牆色（油漆）、燈飾、傢具、布飾（例

## 基本動線尺寸表

| | | |
|---|---|---|
| 走道 | 最好不要小於 70 公分 | 進出頻繁的玄關主通道最好有兩人可擦身而過的 100 ～ 120 公分 |
| 過道 | 側身通過最小距離為 40 至 50 公分 | 可用於小空間如：餐椅背與牆中間、不對稱床邊走道窄的一側、沙發與前几距離。 |
| 櫃體走道 | 開門櫥櫃的走道距離至少要能開門，櫥櫃單扇門片寬大約為 40 ～ 55 公分。 | |
| 馬桶 | 中心點至少需離牆邊 35 ～ 40 公分 | |
| 書桌後方 | 至少需 70 公分可供坐位 | |

如窗簾）的樣式。

**● 了解自己的品味喜好**

許多屋主提到風格時，都回答喜歡北歐風、現代風或鄉村風等等，但是屋主真的知道北歐風和鄉村風的內容是什麼嗎？很多人認知的風格都加入台式的變化，只有一個模糊籠統的風格名稱，而且每個人的認知都不同。可以在雜誌書籍或網路上萬張圖片中尋找「目標風格圖片」，將腦中模糊的風格影像聚焦，這樣未來與家人、工班、甚至自己溝通，都有圖片當為視覺依據，減少語言上的誤會。

**● 找出喜歡與不喜歡的居家風格圖片**

找出 9 張你喜歡與不喜歡的居家風格圖片，尋找圖片時應從氛圍、感覺入手，切勿侷限於單項傢具、單一顏色，才不會見樹不見林。百分百討厭的圖片也有所幫助，至少在家人或設計師溝通時，能夠表白絕對不喜歡的風格，可以避免許多錯誤。

**● 溝通與製作搭配圖板：**把全家人喜歡的顏色、布料、收集的圖片通通貼在一張大紙板上，反覆的看它們混在一起搭不搭，不搭就換掉，如同搭配衣服與首飾一般，也可以在家人相異甚至衝突的品味當中找尋共同點。

### 舒適動線的小撇步

一般人肩寬約在 45 至 52 公分左右，所以預留一個人直線通過的距離，至少需 60 公分，依這樣尺寸來安排日常活動所需的空間，就是師傅所謂的「尺寸」，而「尺寸」決定住家基本的動線與傢具擺放的位置，是功能考量下平面配置的重要關鍵。

# 浴室週邊最容易花大錢的噩夢——壁癌

壁癌，真的就跟癌症一樣，難處理又易復發，是很多人家糾結多年的宿疾，特別是老房子，沒有是幸運，有也不稀奇，如果要全屋裝修，正是砍掉重練的好機會，但在那之前你得先知道面對的是什麼，省得花了錢、花了時間還是甩不掉煩人的毛病。

## ● 什麼是壁癌？

壁癌真正的名稱是白華，因為難以根治才有癌名。水泥中的氧化鈣與水分結合，產生氫氧化鈣結晶，產生過程中體積膨脹，破壞牆面，如果水分多到氫氧化鈣溶出牆外，就會隨水沉澱、與空氣中的二氧化碳交互作用，水分蒸發留下碳酸鈣結晶，就是我們熟悉的白絨絨看起來挺噁心的玩意兒。

## ● 為什麼會有壁癌？

因為有水！水泥並不是萬年不變的材料，還是會緩慢的與天然附含及空氣中的水份產生化學反應而老化，因此老房子絕對會比新房子容易發生壁癌；而先天體質不良，也就是當初水泥砂漿拌合時水及砂含的比例太高，造成成型後含水量較高、孔隙較大因此吸水量也較多，就會使水泥部分快速與水產生化學反應，加速老化，可能潮濕一點的環境就會發生壁癌。

當然如果後天環境失調，連續暴露在過多水分的環境，如水管破裂或防水失靈的牆面，當初水泥砂漿拌得再好也沒用。

簡單的判斷方式，可看壁癌發生的區域劃分在牆面90公分高以上或以下。

**90公分以上**：特別是靠近、或包括天花板，就是樓上有管線或屋頂漏水。

**90公分以下**：附近有水管，就是自家管路漏水；發生在附近沒水管，而另一面是外牆，可能是防水層破損或老化。

都不是上列情況的壁癌，就是因為空氣太潮濕，或牆壁水泥砂漿拌合比例不佳造成。通風不良又無主動乾燥設備的浴室乾區及門口，地下室，一樓靠陽台門附近等地方就很容易發生這種情況。

## ●如何有效處理漏水與壁癌？

### 1. 斷水路

真正從源頭處理才是根治的不二法門，合格的防水工程公司也應該告訴你抓漏是最重要的步驟，不論是屋頂或外牆滲水，水管漏水，唯有直接處理才是釜底抽薪的解決方式。

### 2. 壁癌處理

打除患處水泥粉光層，嚴重的話必須要到見磚的程度，然後泥作粉光，施作防水層。至此可以用傳統泥作的防水方式，但是對於無法由源頭處理滲水問題的情況，例如高樓層外牆施工困難，就得選用「軀體防水」的工法，也就是塗抹「矽酸質」防水材。這種材料特點是在混凝土中遇水可形成結晶，填塞混凝土中的隙縫而達到穩定水泥及阻擋水氣的效果，是極為有效的防水材料。於泥作粉光中間塗佈，後即可照一般工序批土上漆。

## ●找誰處理？

### 1. 一般工班

如果是在裝修的過程中，水電、泥作、油漆其實都有一定的抓漏能力，其中水電的抓漏能力較強，因為他們處理的是源頭，其他兩個工班比較常發生只用「粉飾」手法幫你處理，重新修整牆面，或是乾脆遮起來，而沒有根治導致復發、甚至裝潢發霉的情況。

### 2. 防水公司

關係到屋頂及外牆的，還是徵詢專業的防水工程公司，他們對防水材料及施工工法的理解多。防水有專業技師證照，但抓漏施工不需要執照，所以還是老話一句，貨比三家不吃虧，多比價，並且別忘比較材料及工法。

### 3. 自行處理

坊間有很多強調可以DIY輕鬆解決壁癌問題的塗料、材料，事實上塗料有用的只有矽酸質塗料，甚至有些酸性藥劑只會讓水泥老化更快。水的問題如果沒有從根源解決，只會一再復發。

浴廁空間發生漏水、壁癌情況通常以牆面防水高度不足、浴缸外壁水氣、牆內水管漏水最為常見。
**圖片提供＿黃雅方**

# 第一次自己裝潢就上手——〔預算NG篇〕

## 萬萬不可踩的8大NG地雷：

合理但不是最低的預算較不會碰到地雷；也可分段消費，先沿用不是那麼搭的舊傢具、廚房檯面先換人造大理石、浴室不動磁磚先換三件式，這些妥協避免與錢過意不去。

### NG 1！

**由小至大不失焦**

室內設計就像畫素描，先要畫輪廓，決定神韻後才開始雕琢細部。本來人就很容易專注在自己理解或熟悉的東西，素人會常專注在例如抽屜數量等特定細節，加上許多自己動手畫圖的素人，往往在畫圖本身得到的樂趣比實際上規劃房子來得高，因此很容易花很多工夫在圖的細緻度上，其實完全失焦。

### NG 2！

**堅持純粹極端風格**

會想自己動手的素人不少有明確且強烈的喜好，但另一方面有人就欠缺彈性不夠開放，造成家人溝通困難，也容易多做不必要的裝飾。

### NG 3！

**活動傢具全都先決定**

不要講住進去了，連交屋都還沒交屋，房子的尺寸都不清楚，買了怎麼知道合用？買了動線和風格就被這些傢具卡死，設計也綁手綁腳。

### NG 4！

**為了「不用清、免維修」而做的設計：**

房子就是要維護，不是藝術品，每天要用，別怕維護跟弄壞，事實上也沒有真的都不需要維護的東西，例如不想清浴缸而用淋浴間，其實淋浴間玻璃和瓷磚的水垢沒有比較好清啊。

### NG 5！

**櫃體設計機關過多**

全能住宅改造王那些精巧的設計，都是出自專業設計師之手，電視不可能在短短幾分鐘內解釋完所有的設計理念及運作原理，素人別輕易嘗試，太多細節和機關，不但花錢日後也難維護。

## NG 6！

**有了面子忘了裡子**

好設計有型，也有高的實用價值，但大部分素人容易被型迷惑，看忘了住家用裝飾做型就好。

## NG 7！

**欠缺考慮，或考慮過頭的開關插座位置**

固定傢具必須考慮插座位置，不要輕易因為怕用延長線就在桌面高度牆面設置插座；或是被不肖水電敲詐，專用迴路做一堆。

## NG 8！

**欠缺考量接工收尾**

自己分開發小包，連監工也沒有，會因為沒有經驗而不會考慮各個工種間銜接的問題，例如冷氣與木作，或是分別聽個別工班的意見而沒有考慮最終結果。

3D 圖完美依照尺寸比例精密繪製，可以做到近乎擬真，但其中的動線安排還是得靠自己模擬想像，看圖的空間感與現場感受完全不同，沒有專業經驗，認知往往會產生誤差。 **圖片提供 _ 朵卡設計**

觀點 4

# 複製溫泉旅館級泡湯享受 注定走上花大錢之路

看似美好的泡澡享受，背後存在著極大的施工風險。
**圖片提供_黃雅方**

**設計師真心獨白**

10年到15年的屋齡對於房子來說，真是個尷尬的年紀，半舊不新，所有東西都在要壞與不壞、過時與還能忍受的邊緣。水電管線的使用年限是15年，幾乎所有買在這個屋齡區間房子的客戶，都會掙扎著要不要更換。

K太太沒有這個煩惱，pvc冷水管和不鏽鋼熱水管的狀態良好，可以省下這筆開銷，但她就是看不順眼那有些土氣的米色磁磚，喔還有，她想要一個磚砌的泥作浴缸。「溫泉旅館的那種。」K太太補充。

先不論將完好沒有破損的磁磚拆除重做，就得再冒一次漏水風險，泥作浴缸本身就是對泥作師傅的防水技術大挑戰，最後的使用體驗可能與想像的完全不同：你發現原來注水時的水聲大到像瀑布；沒了度假的閒情，以及旅館級的高水壓注水口，浴缸注滿水的時間莫名漫長，熱度也被混凝土吸掉大半；清裡磚面的水垢和縫隙的生物垢比想像中的煩人，而且爬出來的時候腳趾踢到真是痛得不得了！

我們多少都會渴望重現旅遊時的美好體驗，很多時候你在那短短的數天甚至數周所感受到的，就像電影給你兩個小時感官饗宴一樣，背後是由看不見的大量人力物力堆疊出來的，目的是在你短暫的停留期間創造美好的回憶，也像電影一樣，從來就是不是讓你生活在其中，如果你家沒有勤勉的家事小精靈，也沒有隨叫隨到的維修人員，就讓回憶留在回憶中吧，更何況，時間雖然不能倒流，溫泉旅館可以再訪啊！

你必須要知道的是：

## 浴室牆壁一磚一瓦都可能讓你花大錢

泥作其實是所有工種中一旦凸槌，維修最麻煩的，往往一漏水或是發生壁面膨拱情況，就要整間磁磚防水層都得打掉重做，而且都是最後出了問題才知道事情早已冰凍三尺，想不動大工都難，如果師傅在當初施工時就偷工減料或是粗心大意，想要在後續上預防十分困難，因此如果家裡浴室使用多年沒漏水沒壁癌，想打牆壁磁、動管線、換磁磚真的得考慮清楚。

房子跟車子一樣會折舊，也得保養，你會許可以選擇相對容易維護的設計，但不要期待能就此放置不理，特別是終年潮濕的浴室，剛做好再怎麼美，終究得面對淋浴間的玻璃和水龍頭水漬。

做什麼、裝什麼都別忘了把日後維護放在心上，維持美麗是需要努力的。

# 浴室泥作規劃的精省策略

對不少人來說，浴室是選擇房子的關鍵，好的浴室療癒身心，對生活品質超有幫助，但是做一間三坪不到的浴室含泥作就得7～12萬以上，怎麼規劃才最有效益？

## 1. 水管換不換？

與浴室最有關的是水，一般水管年限15年，但是好的冷熱水管可以用30年都沒問題。中古屋通常需要更換的是熱水管，現在使用會生鏽的鐵管的屋子越來越少，但有些20年左右的中古屋熱水管身雖然是不鏽鋼，接頭卻是銅或鐵件的情形，也是必須更換。

## 2. 沒事別動馬桶位置

馬桶一動就得重牽糞管，為了新管的洩水地板得墊高，地板墊高如果高出浴室外地板，防水就麻煩了，所以沒事別動馬桶。

## 3. 找衛浴規劃公司出圖

坊間的衛浴設備規劃公司提供一條龍服務，也會畫浴室設計圖，與廚房一樣，如果關係到水的部分，有設計圖對於各工班接工較為容易，特別是在自己發包水電泥作的情況，有圖才能確保溝通無礙。

## 4. 浴缸施工要作好立缸工序

一般家庭中想要加裝浴缸，往往訂作或挑選尺寸適合的浴缸嵌在浴室內，除非能找到完美大小的浴缸尺寸，否則浴缸和壁面之間只要沒有百分百密合，就可能導致殘留的空隙容易在泡澡時熱氣凝結囤積水氣，一旦沒有充分排解，就容易有隙縫黴菌、壁癌的產生。因此不僅需要求水電師傅或衛浴廠商，作好「立缸」工法，更需在浴缸內裡作好二口排水口，全面防堵可能的水氣外漏。

## 5. 磁磚換不換？

遇水區如浴室或廚房，一旦漏水就得全室重做，中古屋就算沒漏水，有破損情況還是打掉重做好；但一般區域的地磚膨拱其實可以局部修補。

## 6. 浴室選擇經典磁磚樣式

磁磚一貼下去，大半是住到你搬走都不會有任何更動，耐看就非常重要。

選十年之內不退流行，不要用現在當紅款式，試想十年前的磁磚哪些還在賣？而電腦輸出的馬賽克拼貼圖樣，最好確定是十年後轉手時讓人看了，不會像中學時寫的小說被看到一樣羞恥。一般來說，大塊磚比小塊磚雋永，30 cm X 60 cm 尺寸的磚橫貼最安全，六角磚可復古可現代，也是不錯的選擇。

### 7. 浴室磁磚需留意洩水

有些瓷磚的表面紋路起伏大，容易積水或影響水流，例如木紋磚，就不適合作為浴室地磚。

### 8. 浴室也能輕裝修

小浴室，特別是沒有窗的，能有的風格變化其實有限，即使換了瓷磚也不見得有很大差異，而浴室花費最多又在泥作，如果瓷磚狀態良好，其實不用花這個錢，輕裝修就可以：只要更換三件設備：馬桶、面盆、淋浴龍頭，加上大面畫框鏡或鏡櫃遮住舊設備痕跡，馬上煥然一新。

### 9. 0.5 的淋浴隔間

淋浴區不是0或1，沒隔間或全擋起來，一般長方形的淋浴區使用時噴濺區域面積大多只有一半或多一點點，可以只有做半面牆或三分之二面牆寬度的玻璃帷幕，人過得去即可，省去拉門五金。

### 10. 生活品質 level up 的電氣設備

如果浴室沒窗，浴室暖風乾燥機是必備品；如果有窗，寒流一來你也一定會很慶幸有裝這台機器。此外免治馬桶也是一個有了就知道好的品項，如果還沒有計劃添購，可以在馬桶旁留個插座備用。

### 11. 衛浴設備自己買更省

你可以自己到水電材料行買衛浴設備，請水電來裝。因為是供貨廠商，比一般衛浴設備店家或水電更便宜，品項更新也更快。不少電料行或電器批發商連店面也沒有，只做網拍，直接拿網路價跟水電或冷氣工班講價也是個方式。

作好浴室內乾濕分離的格局，才是延長衛浴使用年限最具體有效的辦法。
**圖片提供＿朵卡設計**

# 依身高尺寸與習慣作規劃 廚房才能發揮最大功效

廚房和浴廁一樣，都屬於需要多個工種工班相互連結的工程，想改造廚房最好找到值得信賴的室內設計師，或認識的工班作密切的諮詢，最好要有完整的施工設計圖，作全盤性的規劃，方便工班間溝通，想省錢又怕麻煩，也可請專業廚具廠商規劃出圖，再自己發包。

## 廚房規劃五大重點

### 1. 檯面動線

廚房下櫃櫃體支撐著工作檯面，而檯面更包含了重要的熱炒爐灶區及水槽，在規劃順序上，得先從以下櫃櫃體與冰箱作為核心，開始規劃整體。

流理檯最基本得要塞得下水槽、爐灶。很多人為了用大水槽、或是多爐的爐灶而將冰箱擠出廚房，這絕對是NG行為。金三角三點必須一起考慮，水槽小，因為你家就這麼大啊！

### 2. 檯面高度

水槽與爐檯的舒適活動高度其實是不一樣的，如果是封閉式廚房，可以選擇配置有高低差的流理檯。爐檯較低，以看得到鍋裡，或手肘呈九十度可舉平底鍋或炒鍋為準；水槽要高，91公分以下都要彎腰，而且高水槽還能拿板凳墊著洗碗，低水槽就沒辦法了，因此最好以家中最高個的人為準設計水槽高度，也會提高全家人洗碗的意願。

上櫃比須比下櫃淺15～20公分，才能避免料理時頭部的碰撞。

**圖片提供 / 黃雅方**

### 3. 上櫃與下櫃

下櫃決定之後就可以規劃上櫃，為了不碰頭，上櫃比須比下櫃淺15～20公分，而封閉式廚房是外人看不到的亂區，上櫃其實不需要做櫃門，甚至層板就可以。

### 4. 冰箱位置

作為廚房金三角之一，冰箱比起電器櫃更有資格及必要擺在廚房裡，選擇能夠與牆壁距離越小越省空間，例如日立有一款離壁只需0.5公分。狹小的傳統一字型封閉式廚房，深度必須要240公分，才夠擺得下最小可操作尺寸的所有功能點：冰箱60公分＋水槽60公分＋流理檯50公分＋爐台70公分。

### 5. 電器櫃配置

與一般給人昂貴印象相反，嵌入式電器其實比較適合小空間使用。因為沒有在廚房內擺放電器櫃空間，如果還想將電器放進廚房，嵌入是唯一的方式，其他收納可以拉到廚房外，反而是大空間才有餘裕擺任何大小的活動電器。有人覺得嵌入式那麼貴，也不見得容量大，CP值太低，但是對於廚房，尺寸的計較重於價格，房子一坪值好幾十萬，不能為了省一點錢浪費空間，廚房不能只顧單品的CP值，必須斤斤計較，每公分都要算。

## 廚房裝潢選材重點整理

| | |
|---|---|
| 料理檯面 | 耐髒污的不鏽鋼和人造大理石是最理想的材質，人造石雖然有不馬上清理還是會被染色的情形，但有多許多風格選擇。 |
| 櫥櫃桶身 | 分為不鏽鋼、木心板、塑合板。不鏽鋼不怕水，但價格較高；後兩種板材是最常見的家庭廚具材質，壽命取決于封邊品質，沒封好就會發生水槽漏水時櫃體浸水壞掉。水槽下用不鏽鋼，其他地方用木質櫃是考量價格與質地搭配妥協的一種方式。 |
| 門片 | 廚房終究還是會有油煙，甚至沾到食物和水的手觸碰門片，也不可能用過馬上就擦，不管如何美麗烤漆、造型的門片，到後來也不可能維持得像照片一樣亮晶晶，美耐板其實就夠了，遠遠看也分不太出來，重點是髒了壞了不心疼 |
| 地板 | 廚房無論如何還是會碰水，超耐磨地板就算再怎麼標榜防水抗濕，還是會受到影響，因此如果是開放式廚房，全室鋪木地板，一定要用吸水的廚房地毯，或是乾脆在碰水的區域鋪木紋磚，銜接木底板。 |

觀點 5

# 廚房動線沒搞定，就等著簽離婚協議吧！

## 設計師真心獨白

我知道F家在我去之前就買了一些家電和傢具，也做了一小部分的工程，但還是沒想到會看到這種光景：不大的開放性廚房除了一排廚具還有中島以外，接著一整個像柱子一樣高的電器櫃，烤箱、微波爐、電鍋、熱水瓶等通通塞在裡面，而跟廚房活動最有關係的冰箱，卻遠在房子的另一頭，隔了320公分，整整一個客廳的距離，遙遙相對。

「電器櫃放進去後，冰箱就放不下了，」F爸爸解釋，「不過客廳在冰箱也不錯，這樣也比較方便小朋友拿水果飲料。」

事實上，以現今調味料、柴米油鹽強調有機、不含防腐劑訴求下，與料理有關的食材佐料，都最好維持在恆低溫，連醬油都不是每種都適合擺在室溫下，比起家裡偶爾拿零食冰品，其實家用冰箱百分之八十都是廚房活動在使用，試想切個水果、煎個蛋得走過整個客廳，更別提大火炒菜還得加速奔出來拿醬料，對煮夫煮婦來說真是不方便、不順手到了極點。

廚房最主要的活動動線根據烹飪流程而定，由冰箱拿食材開始，進到水槽清洗，流理臺處理，最後下鍋烹調，越能順暢無阻礙地完成整個流程，越是好用的廚房。F家的廚房是最佳反例。

在諮詢的最後，F媽媽終於開口：「那個……設計師，有沒有辦法讓冰箱離廚房近一點？」唉，一開始就多想想平常怎麼用廚房，現在也不用那麼煩惱了啊。

你必須要知道的是⋯

廚房是人們需要高度活動量的場所，從動線到各式櫃體都需要仔細規劃。圖片提供＿喻喜設計

# 創造直覺式療癒廚房

**廚房規劃心訣：**順手，順手，還是要順手！人是習慣的動物，特別是烹飪這種身體需要隨時移動的工作，直覺會比腦袋先反應，想用人定勝天的方式改變習慣是行不通的，只會讓廚房越來越雜亂，使用率降低。因此配置不要優先考慮視覺或收納，而是順著自然的地勢環境及動線設計。

**掌握廚房金三角：**冰箱、水槽、爐灶的位置，不可只看重某個點，而是必須三點一起考慮。不論是一字型如生產線的排列，或是可多向移動的三角形，各點間設定一兩步（50～100 公分）距離，就可以讓整個使用體驗如跳舞般流暢了。

# 花而不實 VS. 絕對必要的浴廁重點

## 1 （X）按摩浴缸與蒸氣設備

跟泥作浴缸一樣，除非你有杜拜帆船飯店的浴室空間及設備等級，通常用下去才發現馬達聲音有多大，在不到三坪大的空間其實比水聲還難以忍受；機件得定期保養之外，噴嘴其實很難清，也不好維修。蒸氣設備與按摩浴缸有差不多的問題，清潔維護也不輕鬆，加上得有足夠的時間閒情才會使用，通常都是沒用幾次就閒置了。

## 2 （X）埋壁花灑

簡潔美觀的埋壁花灑幾乎是所有高級飯店的選擇，雖然施工較麻煩，維修也不易，但是作為商業用途，比起不停被客人弄壞的掛壁式，長期下來是較合理的投資。對於一般住家來說，難清潔也難修理，不是明智的投資。

## 3 （X）壁掛式馬桶

水電師傅都討厭維修壁掛式馬桶，因為拆卸麻煩，零件也特殊，一但漏水穿牆打壁是常有的事，如果一開始沒有從牆面開始規劃維修管道，還是別輕易選用。

## 4 （X）超高檔填縫劑

市面上有許多標榜防霉的浴室磁磚填縫劑，顏色也很多樣，除了水泥本色、黑色、白色、米色之外，還有可以調色的，幾乎是所有愛乾淨者的福音，很多人怕浴室潮濕填縫髒汙發霉，甚至選用價格不斐的抗菌防霉填縫劑。不過這樣的產品只是延後發霉的時間，管壁如果有滲漏，再貴的填縫劑也沒用，只要保持浴室通風乾燥，例如有窗或裝設熱風交換機等等，就不容易發霉長垢。

## 5（O）漏電斷路器

漏電斷路器可以在遇水一瞬間馬上斷電，為家中作好安全防護。電工法規《屋內線路裝置規則》有明文規定和水有關的裝置還有室外電路都必須裝漏電斷路器，住宅來說至少浴室、廚房、陽台等地方都該裝。一個同時有避免過載和短路功能的漏電斷路器，比一個一般的無熔絲開關貴，且必須要單獨迴路（有些師傅可能為求簡便快速不一定會作），也常發生在屋主殺價殺過頭，工班乾脆就在這邊壓低成本，這是攸關生命安全的東西，一定要注意。

## 6（O）高品質的磁磚

表面光滑的石材、拋光石英磚容易打滑漏水，不適合用在浴室；地磚每邊要小於40cm，否則不好抓洩水坡度，太大片的地磚或用一般地板用長條磚，做起來地坪傾斜會人到站著都感覺得出來，不舒適美觀；除了磁磚對縫之外，還要決定填縫的顏色，地磚最好用耐髒的水泥原色。

浴室磁磚的選擇，風格上大磚比小磚安全，30cmx60cm 不易退流行，用在小空間也有放大效果。
**圖片提供 _ 朵卡設計**

# 居家廚房常見問題解答

## Q1 開放式廚房油煙容易到處跑，該如何解決？

事實上大部分用開放式廚房的家庭，都會發現油煙問題沒有想像中那麼嚴重，注意抽油煙機的選擇、設置位置，以及正確使用方法，就能讓抽油煙機作用更有效率，更不需擔心油煙。

抽油煙機的選擇重點：

1. **油煙罩和吸入口位置越低越好**
2. **有側面油煙檔板更佳**
3. **抽油煙機寬度要超過瓦斯爐**

這三點就是要縮短油煙擴散的距離，以及有效阻止油煙散逸，同樣為了增加排煙效率、減少散逸，裝設位置就應該離外牆越近越好。市面上還有一種玩意兒叫「導煙機」，是應用氣簾原理，將油煙阻隔在抽油煙機抽風範圍內。

## Q2 抽油煙機如何使用更能有效排油煙？

除了低油低溫烹調，要知道怎麼樣才能讓油煙快速被吸走。一般直覺都是窗戶打開，其實只對一半，正確方式是：

1. 關閉所有靠近抽油煙機的門窗，避免側風擾動。
2. 打開較遠處的門窗，補進被抽油煙機抽走的空氣，形成氣流。
3. 先開抽油煙機製造氣流，再開瓦斯爐，油煙就會直接被氣流帶走。
4. 用完瓦斯爐後，不要馬上關抽油煙機，再多抽個五分鐘。
5. 不管有幾個抽風口，就算只用一個爐，最好也把抽油煙機整個打開，因為油煙很會亂跑，多一個吸口總是比較有效。

## Q3

### 巨大的冰箱電器該在廚房裡還是置於外？如何取捨？

冰箱是廚房金三角之一，百分之八十都是廚房在用，理想的情況應該儘量留在廚房內，真的小到放不下，也應該儘量接近廚房；其他其實除了必須接水路的洗碗機，沒有非得擺在廚房不可的，完全由你個人的使用習慣決定，例如很少煮，主要都是外食，微波爐的使用率可能比爐灶還來的高，微波爐擺在廚房裡備餐就方便。

## Q4

### 中島對坪數有限的家庭來說有必要嗎？

中島的功能在於提供工作檯面及下方收納，缺乏之後櫃的開放性廚房都必須設置中島，應付這兩項需求。如果不缺收納空間，就乾脆直接使用餐桌，一定比中島便宜。

## Q6

### 該內建好還是外配？廚房中必備電器如何安排？

嵌入式電器省空間，通常也都較專業，溫控較強，只有非得留在廚房不可的必備電器才使用嵌入式。必備電器是指烹調三餐到清潔過程中，一定會用到的電器，例如在西式飲食中必備的烤箱，我們就不會那麼需要；烘碗機每次洗完餐具都得使用，就非得留在廚房不可，每年大掃除總有一大堆烘碗機被丟出來，因為太占空間，因此要就得做嵌入式（修改上櫃加裝），不占檯面。

設置開放式廚房的屋主都會擔憂油煙問題，爐灶位置接近牆面，縮短排風距離，加上少高溫快炒，油煙不是大問題

# 廚房中島設計細節與餐廚吧台的裝潢重點

中島是開放式廚房不可或缺的一部份，相當於L型廚房的一邊或二字型廚房的後櫃，提供相當的工作檯面、收納空間，甚至在小空間內兼作餐桌。最小中島寬55公分，高85-91公分，也不需要用廚具或系統櫃訂製，活動傢具也有現成的中島可買，但如果想要裝設水電，就得訂製。

1. 中島水槽

對兼具飲料吧台功能的中島來說，雙水槽非常實用。只有預售屋可以預先牽好水路，新成屋和中古屋就得墊高地板才能做洩水坡度排水；中古屋廚房外面就是陽台的，可以從洗衣機水源牽水入室內。

2. 中島爐台

中島爐台在吸排油煙的效率上一向為人垢病，除了T型排油煙機外，加裝像鐵板燒餐廳那樣，將抽風口直接貼在油煙產生處的風機，才能較有效排煙。

3. 中島兼餐桌／吧台

距離餐桌較遠，或是空間狹小放不下餐桌，就可設計坐位式的中島：寬必須至少65～70公分，坐人的一邊需內縮約15公分好放腳，搭配55～65公分高的座椅。

4. 中島收納

中島可加裝插座，作為電器櫃，或單純方便小家電使用。規劃各種收納時，別忘了小物收納需要的抽屜。常常碰到好好看的中島，因為地處要衝好好用，所以堆積一大堆雜物，變成既不好看也不好用。除了好看的小家電，不要亂擺其他東西，藥品零食用看得到內容物的pp櫃收納，擺放在餐邊櫃等地方，中島才能正常發揮功能。

許多人嚮往吧台，但在台灣一般居家很少有奢侈到設單獨吧台的空間，一般大概都是與中島併用才能實現。

事實上，商業空間因為有人在另一頭與你對話，坐高腳椅才是良好的體驗，否則其實不太舒服，不要忽略商業空間裡的舒適包括後面的服務，不是單純硬體而已。吧台可依款式分為高低、日式及平面三種。我們在下頁作介紹。

### 1. 高低吧台

一般專業吧台的款式，明確區分用餐區與操作區，隱藏操作亂面，對站在裡面的使用者來說，是最好用的形式。缺點是通常檯面比較高，小空間做起來是不小的視覺障礙，很難加分。

**外高：**91公分或110～115公分

**內高：**85公分

**吧台椅：**65公分或65～75公分

### 2. 日式吧台

也就是板前壽司店或居酒屋常見的形式，較高的操作區在內，外面加上一般餐桌高度的層板，可以搭配一般餐椅。

**外板高：**64～72公分

**外板深：**35公分

**內高：**85～91公分

### 3. 平面吧台

平面的形式感覺開放友善，一般家庭中島多是以此類居多。

中島提供廚房更寬廣的料理空間，既能有水槽、收納機能，也能作為吧台餐桌，適合大坪數開放空間，一物多用的特色對小坪數來說也十分合用。 **圖片提供 _ 朵卡設計。**

Case 04

# 屋主的逆襲 與理想落差太的裝潢設計

【內湖陳宅 個案敘述】

從事文字創作工作的屋主葉小姐的新家屋齡只有四年，剛搬進來時前屋主基礎屋況到裝潢都還不錯，但她實在無法原封不動地沿用。原來前屋主為了避開所謂的「穿堂煞」，客廳裡刻意放了一堵高大櫃子，避免讓大門直直對窗，硬是把已經不大的公共區域切掉一塊；主臥室依照坐向而非動線安床，使得床頭就在樑下，為了避開樑下的壓迫感，又在已經不大的空間中做了床頭櫃，使得床前只有40公分的走道。除此之外，整間房子裡幾乎充滿了各式各樣的收納櫃體，從兩個房間的床架，到沙發茶几把各種可以作的地方都做好做滿，卻沒有多少順手合用。

選擇新成屋，就是希望能減少裝修費用，因此也就沒有保留多少新裝潢的預算。然而對於本身從事創作，擁有高度自由時間的葉小姐來說，家不只是洗澡睡覺的地方，還兼具了工作室與書房機能，大半時間都待在家裡，工作心情和效率深受屋子的氛圍影響，就算想省錢，但還是有很多細節無法妥協，如何能在有限的預算下為新房變身，就需要設計師傷腦筋了。

**DATA**

- **屋主：**葉小姐
- **所在區域／屋齡：**台北／4年
- **坪數／格局：**17坪（不含公設）／二房二廳一衛
- **裝修所費時間：**三個月～半年
- **裝修費用：**20～25萬

沒有原本一開門就造成極大壓迫感的玄關，整體公共空間十分開闊清爽，搭配牆色更有放大效果。
圖片提供 _ 朵卡設計。

## 設計師解方—

## 小處微調，改善大處煩惱

新成屋加上超低預算，不需要動到水電泥作等基礎工程，最好的執行方案就是「輕裝修、重裝飾」。採用燈光、油漆、修改原本就有的系統櫃，放大空間，並調整成更適合屋主使用的收納。

1. 燈光：原本的木作天花板採用傳統漢堡嵌燈，省電燈泡光源使得空間感覺有如圖書館或辦公室。為了改善空間氛圍，重新調整燈光配置，將舊燈孔補掉，換上LED聚焦燈，使得光影色彩更有質感。

2. 系統櫃：系統傢具本來就是量身訂做，如果不合用，其實可以「改櫃」，修改成符合屋主需求的樣子，不需要整組汰換。移除原本的玄關櫃，使得空間更為通透；保留狀況良好的餐邊櫃，只將上櫃現場切割改淺，更符合人體工學；主臥室床舖轉向，拆除超級占空間的床頭櫃，讓主臥動線更合理，也增加收納空間；次臥拆除墊高的系統櫃床架地板，保留書桌部分，並增加小部分收納櫃及層板，使得整體空間成為一個功能完整的書房。原本整間的系統櫃，大部份的收納空間卻都在房間，床舖下的魔術空間等等非常難用不順手的位置，拆掉多餘的櫃體後，在客餐廳規劃靠牆門口玄關櫃及開放式收納櫃，使屋主的藏書及工作相關物品有方便取用及展示的空間。

3. 油漆：屋主喜歡清新簡約的自然風，為了配合狹小空間，傢具也都選用白或淺色系以降低壓迫感，整體空間色彩都採用較高的明度營造輕盈的氛圍，臥室主牆為柔和的紫色，客廳牆色則是使用「後退色」冷色系的藍色，並且以不同明暗增加空間視覺深度。

4. 窗簾：這間房子位於水岸景觀第一排，並且擁有陽台，沒有東西曬的問題，屋主也不希望遮蔽景觀，因此只在室內落地窗裝設捲簾，應付長輩訪客對於「穿堂煞」疑慮。

在歷經整個「改頭換面」之後，原本的疑慮不僅一掃而空，同時所花的成本比想像中少。葉小姐說：「原來預算大概差不多是30萬元，已經覺得我蠻省的了，但是最後其實真正花到的只有20萬出頭。」可見得就算荷包不深，只要有良好的規劃，還是能以低預算打造出夢想小窩。

收納空間已經足夠，於是將原本的電視櫃上櫃拆掉，改成層板，降低壓迫感。

餐邊櫃與廚具一樣，都是人會站在櫃體前面操作，設計上必須留意上櫃必須比下櫃淺，否則很容易撞到頭。

臥室床鋪改變方向，拆掉床頭櫃改成床頭板，使得衣櫃前能使用的走道空間更寬，加上便宜好用的 IKEA TRONE 收納櫃，收納空間更多也更順手。

Case 05

# 一磚一瓦 精心構築老後的樂齡生活

【內湖陳宅 個案敘述】

Bill媽為獨居的高齡長輩，自己居住了40年的老家，起心動念想作個改造，然而，想省錢，又想提升居住品質，年長者健康情形與狀態也有必須考量的因素，每個細節都要仔細打量。在設計師觀察與安排下，不管現在的狀態是否堪用，設計師首先大刀闊斧的更換了老舊的水電管路、拆除腐舊建材，先為安全把關。再由住宅原本的設計動線出發，不追求時下住宅既定或流行的形式，在新舊取捨與保留之下，為Bill媽的家作設計發想。

雖然左鄰右舍的庭院全都搭起封閉的雨棚，Bill媽則為了擁有充足室內採光而寧可維持庭院原樣；老人家不喜歡吹冷氣，設計師也保留了過去的木造門窗上方氣窗的設計，使得空氣能自然對流，就算在寒冷冬天，依然不需要空調；鋁門窗雖然換新了，但規格和設計全照著舊門窗訂製，再不用擔心冷空氣從窗縫灌進來。室內所有門廊，包括浴室全都是取輪椅可以通過的寬度，以備將來可能發生的需求；幾乎零木作使得空間沒有被甲醛污染的疑慮，是最適合長輩頤養天年，家人團聚的養生樂活宅。

**DATA**

- **＋屋主：** Bill媽
- **＋所在區域／屋齡：** 台北／40年
- **＋坪數／格局：** 不透露
- **＋裝修所費時間：** 三個月～半年
- **＋裝修費用：** 不透漏

客廳選擇可調整照射角度的
軌道燈作為主要照明，也有
間接照明的效果，不需另作
天花，就能有柔和的光源。

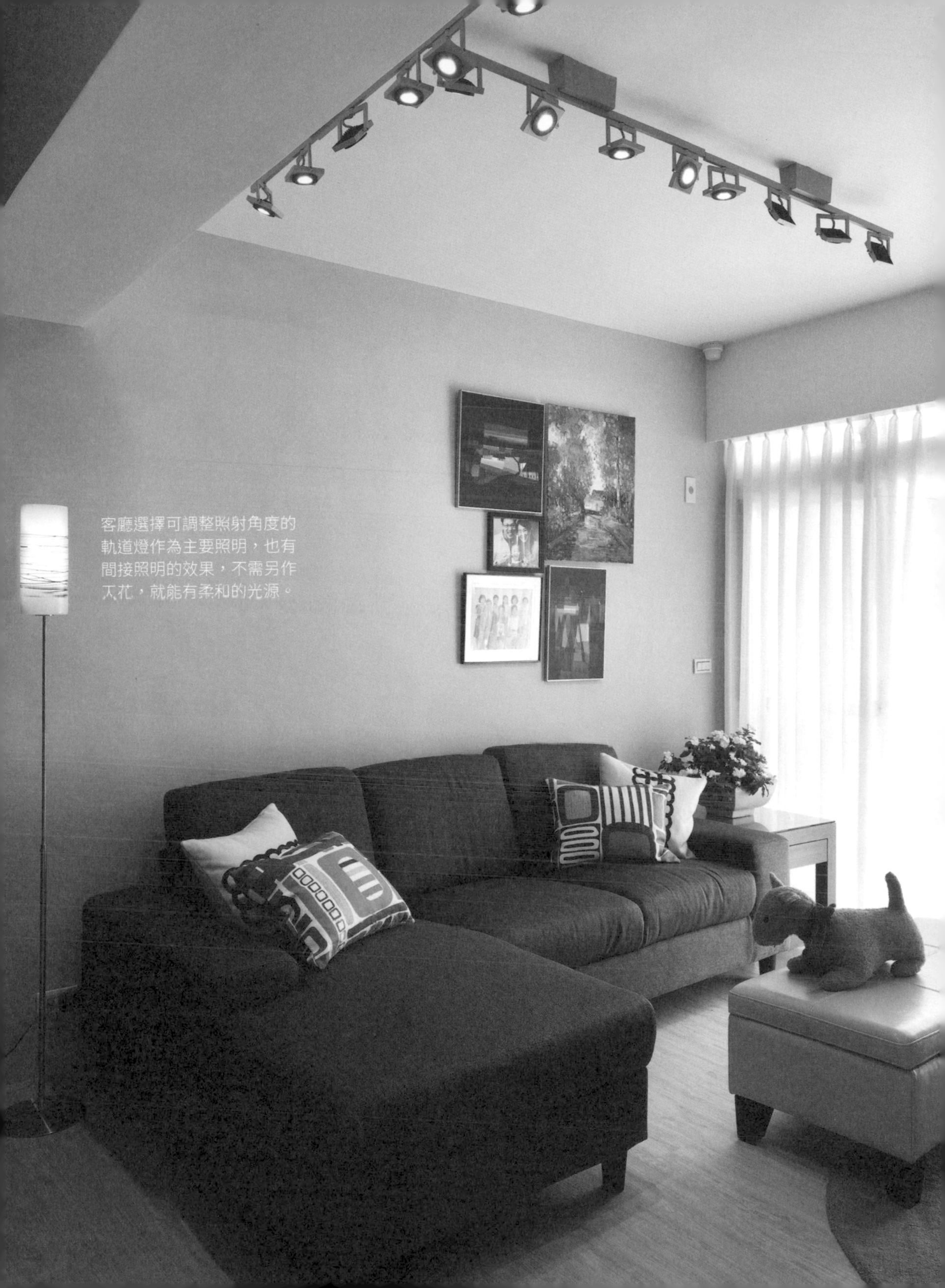

| | 2. | 1. |
|---|---|---|
| 4. | 3. | |

1. 來自品東西的三人 L 型沙發，搭配上掀式開收納沙發前桌，後方餐廳保留了屋主舊傢俱，幾乎沒有木作，是輕裝修的好例子。 **圖片提供 _ 朵卡設計**

2. 房間木地板直接自地板廠商進貨，較木工便宜許多，一坪大約 $900 到 $1000，是普通超耐磨地板的 1/3 價錢，且施工十分快速方便。 **圖片提供 _ 朵卡設計**

3. 考量家中常有老人小孩，建材上要選用有環保綠建材標章的低甲醛素材，像是使用 E1 V313 板材的系統傢具，才能有效減輕室內甲醛含量。 **圖片提供 _ 朵卡設計**

4. 主臥衛浴除了浴缸之外，另作了透明玻璃圍幕，讓洗浴乾濕分離，也能避免室內水氣污漬累積。 **圖片提供 _ 朵卡設計**

**每個裝潢的過程也是心的旅程，**
**願我們莫忘初衷，**
**心平氣和、心滿意足的踏出夢想的每一步。**

**我會自己做裝潢07**

# 你還在**花大錢**做**用不到**的裝潢嗎？

**點破裝修盲點，拒絕因小失大，過來人用實戰經驗，教你小錢打造風格夢想家**


作者：邱柏洲、李曜輝、劉真妤
責任編輯：施文珍
校對審核：劉真妤、施文珍
美術設計：黃畇嘉
美術設計：黃畇嘉、黃雅方、Left
行銷企劃：呂睿穎

發行人：何飛鵬
總經理：李淑霞
社長：林孟葦
總編輯：張麗寶
叢書主編：楊宜倩
叢書副主編：許嘉芬

出版：城邦文化事業股份有限公司 麥浩斯出版
地址：104 台北市中山區民生東路二段 141 號 8 樓
電話：02-2500-7578
E-mail：cs@myhomelife.com.tw

發行：英屬蓋曼群島商家庭傳媒股份有限公司城邦分公司
地址：104 台北市中山區民生東路二段 141 號 2 樓
訂購專線：0800-020-299
讀者服務傳真：02-2517-0999
Email：service@cite.com.tw
劃撥帳號：1983-3516
劃撥戶名：英屬蓋曼群島商家庭傳媒股份有限公司城邦分公司

香港發行：城邦（香港）出版集團有限公司
地址：香港灣仔駱克道 193 號東超商業中心 1 樓
電話：852-2508-6231
傳真：852-2578-9337

馬新發行：城邦（馬新）出版集團 Cite(M) Sdn.Bhd.
地址：41, Jalan Radin Anum, Bandar Baru Sri Petaling,57000 Kuala Lumpur, Malaysia
電話：603-9057-8822
傳真：603-9057-6622

總經銷：聯合發行股份有限公司
電話：02-2917-8022
傳真：02-2915-6275

製版印刷：凱林彩印股份有限公司
版次：2020 年 8 月 初版 2 刷
定價：新台幣 380 元
Printed in Taiwan

**國家圖書館出版品預行編目（CIP）資料**

你還在花大錢做用不到的裝潢嗎？/ 邱柏洲，李曜輝，劉真妤著. -- 一版. -- 臺北市：麥浩斯出版：家庭傳媒城邦分公司發行，2018.01
面； 公分. --（我會自己做裝潢；7）
ISBN 978-986-408-345-9(平裝)

1. 家庭佈置 2. 室內設計 3. 空間設計
422.5 106022813